Ohne Chef ist auch keine Lösung

W0085870

■ *Dr. Volker Kitz* hat Jura und Psychologie studiert, danach Erfahrungen in den unterschiedlichsten Jobs gesammelt, u. a. als Lobbyist, Wissenschaftler, TV-Journalist, Drehbuchautor und Musiker. Er arbeitet heute als Anwalt in Köln.

■ *Dr. Manuel Tusch* hat Psychologie und Erwachsenenbildung studiert. Er war zunächst als Wissenschaftler und Unternehmensberater tätig, heute hat er eine psychologische Praxis und ein Ausbildungsinstitut in Köln. Seine Arbeitsschwerpunkte als Business-Coach sind Karriereberatung, Wirtschaftsmediation und Konfliktmanagement, Führungskräfteentwicklung und Change-Management.

■ Von beiden Autoren erscheint im Campus Verlag außerdem *Das Frustjobkillerbuch. Warum es egal ist, für wen Sie arbeiten* und *Das Frustjobkillerhörbuch.*

Volker Kitz, Manuel Tusch

# Ohne Chef ist auch keine Lösung

## Wie Sie endlich mit ihm klarkommen

Illustrationen von
Wolfgang Buechs

Campus Verlag
Frankfurt/New York

Bibliografische Information der Deutschen Nationalbibliothek.
Die Deutsche Nationalbibliothek verzeichnet diese Publikation in der
Deutschen Nationalbibliografie; detaillierte bibliografische Daten sind
im Internet unter http://dnb.d-nb.de abrufbar.
ISBN 978-3-593-38789-5

Umschlaggestaltung: R.M.E, Roland Eschlbeck und Ruth Botzenhardt
Illustrationen: Wolfgang Buechs, www.wbworks.de
Satz: Campus Verlag GmbH, Frankfurt am Main
Druck und Bindung: Freiburger Graphische Betriebe
Gedruckt auf säurefreiem und chlorfrei gebleichtem Papier.
Printed in Germany

Besuchen Sie uns im Internet: www.campus.de

# Inhalt

# »Chefs sind immer kalt und knauserig!«

…denkt der Mitarbeiter.

»Mitarbeiter sind immer faul und fordernd« – denkt der Chef.

Auf unseren Bestseller *Das Frustjobkillerbuch. Warum es egal ist, für wen Sie arbeiten* haben wir bergeweise Zuschriften bekommen. Viele Menschen haben uns ihre ganz persönlichen Probleme im Job-Alltag geschildert: viele Mitarbeiter und auch viele Chefs, die ja in der Regel selbst Mitarbeiter sind und ihrerseits wiederum einen Chef über sich haben. Ein Leit-Thema zog sich als Leid-Thema wie ein roter Faden durch alle Briefe und E-Mails: wie schlecht Mitarbeiter mit ihren Chefs klarkommen – und umgekehrt.

■ »Alles wäre gut, wenn mich nur mein Chef nicht so ungerecht behandeln würde«, lässt sich die Klage der Mitarbeiter auf den Punkt bringen.

■ »Alles wäre gut, wenn nur meine Mitarbeiter nicht so unrealistische Erwartungen an ihren Job und an mich hätten«, jammerten derweil die Chefs.

Beide fügten hinzu: »Schreiben Sie denen das ruhig mal in Ihrem nächsten Buch!«

Und so entwickelte sich durch ihre Zuschriften an uns indirekt ein Dialog zwischen Mitarbeiter und Chef, ein Dialog, der in der wirklichen Arbeitswelt leider kaum stattfindet. Mitarbeiter und Chef betrachten sich nur allzu oft als Gegenspieler und größtes Hindernis. Das Thema »die da oben, wir hier unten« kocht immer heftiger hoch; beide Seiten verstehen inzwischen die (fremde) Welt nicht mehr. Bücher gibt es entweder für die eine Seite: Wie mache ich möglichst schnell Karriere, entlocke meinem Chef mit möglichst wenig Arbeit möglichst viel Geld und Freiraum? Oder für die andere Seite: Wie motiviere ich die träge Schar und halte den Kostenfaktor Arbeit niedrig?

Wir finden das schade und meinen: Miteinander statt gegeneinander können wir ein gutes Stück zufriedener werden im Arbeitsleben.

Wir möchten daher in diesem Buch den Dialog zwischen Chef und Mitarbeiter fortführen, den Sie selbst, liebe Leserinnen und Leser, liebe Mitarbeiter und Chefs, durch Ihre Zuschriften an uns ins Leben gerufen haben. Wir möchten Ihnen – seien Sie Mitarbeiter, Chef oder, wie so oft: beides – ein ausgewogenes, konstruktives Buch für ein menschliches *Mit*einander an die Hand geben. Spielregeln für ein faires Arbeitsleben, von dem beide Seiten nachhaltig profitieren.

Vor allem für Sie, liebe Mitarbeiter, haben wir dieses Buch geschrieben. Das bedeutet aber nicht, dass alle Last allein auf Ihren Schultern liegt und Ihr Chef sich entspannt zurücklehnen kann – in dem guten Gewissen, dass Sie schon selbst für ein besseres Miteinander am Arbeitsplatz sorgen werden. Aber wir versprechen Ihnen: Zu erkennen, dass Ihr Chef vielleicht *kein* böswilliger Tyrann ist, sondern auch nur ein Mensch, wird Ihren Arbeitsalltag sehr viel erträglicher machen.

Und, liebe Chefs, auch Sie finden hier viele Anregungen für

einen gerechteren und verständnisvolleren Umgang mit Ihren Mitarbeitern. Unsere zehn Gebote gelten auch für Sie!

## Auf der Suche nach Gerechtigkeit

Sie beide vermissen am Arbeitsplatz ganz schmerzlich die Gerechtigkeit – deshalb tun wir alle gut daran, das Arbeitsleben etwas gerechter zu machen.

Das mag Ihnen romantisch-verklärt vorkommen in einer Zeit, in der der Wind rauer weht, in der Menschen zu Einzelkämpfern geworden sind und jeder sehen muss, wo er bleibt. Es mag Ihnen abstrakt-weltretterisch vorkommen, schon tausendmal gehört. Es mag Ihnen abgenudelt vorkommen vor dem politischen Rauschen, in dem jeder sein Gerechtigkeitsmodell anpreist, das sich beim näheren Hinsehen dann aber auch nur als Beta-Version mit gravierenden Fehlern entpuppt. Doch uns geht es nicht um Steuermodelle, nicht um Vermögensumverteilung und nicht um Kündigungsschutzgesetze. Uns geht es nicht um Weltrettung, nicht darum, die »Welt an sich« gerechter zu machen.

Dieses Buch hat ein rein egoistisches Anliegen für Sie, liebe Leserinnen und Leser: Ihren eigenen Arbeitsalltag etwas befriedigender zu machen. Für Sie, für uns selbst, damit uns Wut und Ärger nicht auffressen.

»Was kann ich als Einzelner schon tun?«, hören wir Sie nun fragen. »Ich kann die Dinge auch nicht ändern.« Das stimmt in vielen Bereichen, denn das Leben ist tatsächlich ungerecht. Wir Menschen sind keine Maschinen, keine Rechner, die Fakten aufnehmen und dann durch eine Gerechtigkeitsformel stets zum richtigen Ergebnis kommen. Das menschliche Gehirn funktioniert anders. Wo Menschen am Werk sind, wird es niemals völlig gerecht zugehen. Was wir Menschen denken, entscheiden und tun, wird immer beeinflusst sein von persönlichen Sympathien, Informationsdefiziten, sachfremden Erwägungen, von Launen. Die Suche nach der perfekt-gerechten Welt ist Illusion und Zeitverschwendung zugleich. Das ist eine wichtige Einsicht, um die wir nicht herumkommen.

Das heißt aber nicht, dass wir nichts tun könnten. Wir können sogar sehr viel daran ändern, dass Brötchen-Geber und Brötchen-Nehmer zielsicher aneinander vorbeidenken, aneinander vorbeierwarten, aneinander vorbeischimpfen. Und sich ein Leben lang aneinander vorbeiärgern. Unser Ansatz besteht darin, Ihnen durch den Dialog zwischen Chef und Mitarbeiter wichtige Einsichten in die Bedürfnisse und Gefühle des jeweils anderen zu vermitteln.

Sie und Ihr Chef werden auch in Zukunft aufeinander angewiesen sein und einen Großteil Ihres Tages, ja sogar Ihres Lebens miteinander verbringen. Wenn Sie sich nicht immer weiter voneinander entfernen und damit immer unzufriedener miteinander werden wollen, ist es höchste Zeit, einen Blick aus der Position des jeweils anderen zu wagen.

Das heißt nicht, dass Sie am Ende die Sicht Ihres Chefs gutheißen müssen – und Ihr Chef Ihren Standpunkt übernehmen muss. Wenn wir aber überhaupt einmal die Sicht der anderen Seite zur Kenntnis nehmen, ihre Hintergründe verstehen lernen – dann ist das ein unverzichtbarer Schritt für ein gedeihliches Miteinander, für ein zufriedeneres Miteinander. Für das einzig mögliche Miteinander, das der Arbeitswelt überhaupt eine Zukunft geben kann. Ein solches Verständnis, Interesse füreinander, ja überhaupt der Gedanke daran, dass die jeweils »andere Seite« mit dem, was sie tut, irgendein legitimes Interesse verfolgen könnte – das ist uns heute weitgehend abhandengekommen.

## Der psychologische Arbeitsvertrag

Wir untersuchen damit in diesem Buch die Interessenlage im Arbeitsverhältnis des 21. Jahrhunderts: die Erwartungen, die Sie und Ihr Chef aneinander haben. Wir vollziehen nach, woher diese Erwartungen kommen, sortieren die unberechtigten aus und schauen, wie sich aus den berechtigten eine Win-win-Situation machen lässt – sodass aus dem Hauen und Stechen ein Geben und Nehmen werden kann.

Wir benennen für beide Seiten die Rechte und Pflichten, die *nicht* im Arbeitsvertrag stehen. Denn ein Arbeitsvertrag enthält nicht nur das Groß- und Kleingedruckte, sondern auch jede Menge gar nicht Gedrucktes. Das gar nicht Gedruckte enthält all die Erwartungen, Hoffnungen und Wünsche, die schon im Vorstellungsgespräch über dem Verhandlungstisch schweben. Während Ihr zukünftiger Chef und Sie über Gehalt, Urlaubstage, ja nicht selten schon selbst über Bürogröße und Zahl der Fenster ausdrücklich und hart feilschen, hängen diese sonstigen gegenseitigen Erwartungen einfach lautlos im Raum. Und bleiben dort, damit sich beide jeden Tag wieder neu an ihnen den Kopf stoßen. Aber keiner spricht sie an, weil jeder sie für selbstverständlich hält.

Oder sagen wir besser: Jeder hält seine eigenen Erwartungen für selbstverständlich. Viel zu selten machen wir uns Gedanken darüber, was andere vielleicht unausgesprochen von uns erwarten – und was wir selbst erwarten dürfen und was nicht: Dass Sie sich von Ihrem Chef eben mehr erhoffen, als dass er nur jeden Monat pünktlich das im schriftlichen Arbeitsvertrag vereinbarte Gehalt überweist. Dass Ihr Chef von Ihnen eben mehr erwartet, als dass Sie nur die im Arbeitsvertrag vereinbarte Zeit irgendwie auf Ihrem Bürostuhl absitzen.

Wir nennen das, was da so still im Raum schwebt, den psychologischen Arbeitsvertrag. Ihn schließen wir neben dem »normalen« Arbeitsvertrag ab, ohne Worte, auf einem unsichtbaren Blatt Papier. Dieser psychologische Arbeitsvertrag enthält viele gegensätzliche Interessen. Er erfordert ein sehr komplexes Geben und Nehmen, das leicht aus dem Gleichgewicht geraten kann. Wenn die unausgesprochenen Hoffnungen enttäuscht werden, wenn Sie als Mitarbeiter meinen, dass dieses Gleichgewicht des psychologischen Arbeitsvertrags nicht mehr stimmt – dann passen Sie die Situation an und reduzieren auch Ihren eigenen Beitrag weiter. Das ist menschlich. Und ebenso macht das Ihr Arbeitgeber. Damit setzen jedoch beide eine Spirale in Gang, die in Frust und Produktivitätsverlust endet.

Wir möchten deshalb in diesem Buch mit Ihnen eine kleine Reise unternehmen: von Ihrer Seite des Arbeitslebens auf die andere und wieder zurück. Sie werden erstaunt sein, was es zu entdecken gibt – und was das Entdeckte bei Ihnen auslösen kann. Wir möchten mit Ihnen »in den Schuhen des anderen gehen«. Wir bringen auf den Punkt, was Sie und Ihr Chef voneinander erwarten und erwarten dürfen. Unsere zehn Gebote gelten in jeweils unterschiedlichen Ausprägungen sowohl für Brötchen-Nehmer als auch für Brötchen-Geber und sind das Ergebnis einer Interessenabwägung.

Wir wünschen Ihnen viel Spaß und Erkenntnis bei der Reise.

*Dr. Volker Kitz & Dr. Manuel Tusch*
Köln, im Sommer 2009

■

# Erstes Gebot
# Du sollst nehmen, was du gibst, und geben, was du nimmst

Freitagabend, bei Ihnen zu Hause am Esstisch. Ihnen gegenüber sitzt Ihr Chef und wehrt energisch ab, als Sie ihm noch ein weiteres Glas Rotwein eingießen wollen.

»Danke, danke, mein lieber Herr Schulte«, ruft er mit ablehnender Handbewegung und wirft seiner Frau einen auffordernden Blick zu. »Wir müssen jetzt wirklich langsam aufbrechen.«

Sie sind neu im Job, neu in der Stadt – und dachten sich, es wäre doch eine nette Geste, den Chef mal zum Abendessen einzuladen.

»Das Lamm in Kräuterkruste war wirklich ganz ausnahmslos hervorragend«, flötet seine Gattin mit spitzen Lippen, während sie sich formvollendet erhebt. »Da werden wir uns sicher mal revanchieren, nicht wahr, Schnappi?«

Ihr Chef merkt, dass Sie merken, dass nur er gemeint sein kann, und nickt etwas peinlich berührt. Hüstelnd schlüpft er in seinen Mantel.

»Ich darf kurz noch mal verschwinden«, entschuldigt er sich, bevor er in Richtung Badezimmer läuft und Sie seiner Gattin in den Pelz helfen.

Als er wiederkommt, ist sein Mantel in Bauchhöhe seltsam ausgebeult. »So viel hatte er eigentlich auch wieder nicht gegessen«, denken Sie noch, als Sie ihn höflich zum Aufzug bringen. Ihr Chef hat beide Arme umständlich über dem Bauch verschränkt und folgt Ihnen etwas ungelenk den Gang entlang.

»Wenn Sie irgendwas brauchen, mein lieber Schulte, meine Tür ist immer für Sie offen – und mein Ohr natürlich auch«, ruft Ihr Chef gerade noch jovial, als er kurz eine Hand vom Bauch nimmt und Ihnen aus dem Aufzug heraus entgegenstreckt.

Und plötzlich fällt aus seinem Mantel ein großes Päckchen vor Ihre Füße.

## Was der Chef unter seinem Mantel versteckt

Die Aufzugtür kann nicht schließen, und Sie brauchen einen Moment, bis Sie erkennen, was genau da aus seinem Mantel gerutscht ist. Natürlich! Das ist die Neunerpackung Toilettenpapier, die Sie gerade erst gestern gekauft haben. Die neue Marke, vierlagig, mit extra weicher Oberfläche, gar nicht mal billig. Das Paket war im Vorratsschrank im Badezimmer.

Für ein paar Sekunden sagt keiner etwas, nur die Aufzugtür versucht sich nochmals vergeblich zu schließen.

»Wir brauchen das halt auch«, setzt dann seine Frau an, und er ruft: »Außerdem ist Ihr Gehalt sowieso viel zu hoch, da werde ich mir ja wohl irgendwie etwas wiederholen dürfen. Und wer sich die Luxuswischer hier leisten kann, dem geht's ohnehin zu gut.«

Schnell hebt er die Packung auf, der Aufzug schließt sich, und 9 mal 140 Blatt mit extra weicher Oberfläche rauschen nebst Schnappi und Gattin davon.

*Frage:* Was denken Sie, während Sie noch eine Weile die Aufzugtür anstarren?

1. »Unhöflich, er hätte wenigstens vorher fragen können.«

**2.** »Hm ... Da muss ich wohl was Kleingedrucktes im Arbeitsvertrag übersehen haben.«

**3.** »Völlig in Ordnung, wieso soll er extra selbst ins Geschäft
laufen und auch noch Geld dafür ausgeben? War doch so
viel praktischer für ihn.«

**4.** »Ganz okay war das ja wohl nicht, Schnappi. Bei der Gegen-
einladung nehme ich dein teures Rasierwasser mit.«

Wenn Sie Antwort 3 gewählt haben: Glückwunsch, Sie sind wirklich ein ziemlich lockerer Typ! Nichts kann Sie so schnell aus der
Ruhe bringen, und die Rechte und Pflichten aus Ihrem Arbeitsvertrag interpretieren Sie einigermaßen großzügig. Wir hoffen,
dass Sie nur Menschen mit ähnlich unkomplizierter Denkweise
um sich herum haben. Antwort 1 oder 2 macht Sie nur eine winzige Stufe unlockerer.

Aber in Wirklichkeit liegen die Dinge doch so: Sie haben Antwort 4 gegeben, denn so ist es nun mal. Sie schulden Ihrem Chef
die Arbeit, er Ihnen das Gehalt – der erzwungene Austausch
eines Neunerpacks Toilettenpapier ist in diesem Verhältnis nicht
vorgesehen. Ihr Chef behandelt Sie ungerecht, wenn er Ihnen
zusätzlich zu Ihrer Lebenszeit und Arbeit auch noch Ihr Toilettenpapier wegnimmt. Und wahrscheinlich finden Sie es völlig
absurd, dass wir uns eine solche Geschichte ausdenken. Ist es
auch, denn wir kennen niemanden, dem so eine Geschichte jemals passiert wäre.

### Was Frau Steck-Ein in ihrer Tasche versteckt

Nun stellen Sie sich aber folgende Situation vor: Freitagabend,
am Schreibtisch im Büro sitzt eine Mitarbeiterin, die wir Frau

Steck-Ein nennen wollen. Der Chef ist schon lange weg und alle anderen auch. Bevor *er* sich um fünf ins Wochenende verabschiedet hat, hat er Frau Steck-Ein ihren Entwurf für eine Präsentation am Montagmorgen auf den Tisch geknallt. Er hatte den Entwurf seit Mittwoch, musste sich aber natürlich mit der Korrektur bis heute Abend Zeit lassen. Es gebe auch »nur ein paar kleine Anmerkungen«. In Wirklichkeit sind die Seiten nur so mit roten Änderungen übersäht, Frau Steck-Ein soll praktisch alles noch einmal neu machen. Das wird noch vier Stunden dauern, mindestens. Und zwar vier *Über*stunden. Überstundenregelungen gibt es im Betrieb von Frau Steck-Ein nicht, es wird nichts aufgeschrieben, nichts ausgeglichen, nichts extra bezahlt. Und ihr Gehalt ist, wie sie findet, sowieso schon niedrig genug. Ihr Chef, der mindestens das Doppelte verdient, sitzt jetzt schon zu Hause bei seiner Familie. An seinem wertvollen Designeresstisch, wie ihn sich Frau Steck-Ein wohl nie wird leisten können.

»Das ist nicht gerecht!«, denkt Frau Steck-Ein.

Und ihr Blick fällt auf die Palette Druckerpapier, die heute frisch angeliefert worden ist. Es ist gute Qualität, etwas fester, liest sie auf einer der Packungen. »Die sind ja nicht billig, die Dinger«, musste Frau Steck-Ein erst kürzlich wieder feststellen. Und ihre Tochter muss doch am Wochenende ihre erste Seminararbeit fürs Germanistikstudium ausdrucken, hat sie gesagt. Da packt Frau Steck-Ein vorsichtshalber mal zwei Stapel in ihre Tasche.

Und wo waren denn noch mal diese tollen neuen Power-Strips im Materiallager? Die sind wirklich nicht schlecht, sollen auch schwere Sachen ganz ohne Nägel an der Wand halten. Vielleicht lässt sich damit zu Hause endlich die neue Uhr auf den Fliesen im Bad anbringen. »Ah, da sind sie ja«, denkt Frau Steck-Ein aufs Höchste erfreut und steckt eine Packung ein.

*Frage:* Was denken Sie nun über Frau Steck-Ein?

1. »Unhöflich, sie hätte wenigstens vorher fragen können.«

2. »Hm ... Da muss sie wohl was Kleingedrucktes im Arbeitsvertrag übersehen haben.«

3. »Völlig in Ordnung, wieso soll sie extra selbst ins Geschäft laufen und auch noch Geld dafür ausgeben müssen? War doch so viel praktischer für sie.«

4. »Ganz okay war das ja wohl nicht, Frau Steck-Ein.«

Diesmal ist die Sache anders: Die Geschichte von Frau Steck-Ein ist nicht so an den Haaren herbeigezogen wie die vom klopapierklauenden Chef. Sie ist Alltag in den meisten Unternehmen. Schätzungen zufolge beträgt der Schaden durch solche »private Gewinnmitnahmen« für Unternehmen in Deutschland jährlich bis zu 100 Milliarden Euro! Die Schreibwarengeschäfte machen heute nur noch wenig Umsatz mit Privatkunden. Es gibt ja alles im Büro, im Materiallager! Immer teurer werden die Gegenstände, die ohne jede Hemmung aus den Büros getragen werden. Schon firmeneigene CD-Player und Fernseher sind heute routinemäßig darunter, wie wir bei den Recherchen zu diesem Buch erfahren haben.

Viele verspüren ein großes Bedürfnis, sich gegen den mächtigen Arbeitgeber zu wehren, der sie immer wieder ungerecht behandelt. Das ist nur allzu menschlich: Die Gehälter steigen nicht, die Überstunden schon. Das Weihnachtsgeld wird immer kürzer, der Dienstwagen des Chefs aber immer länger. Was ist da schon dabei, wenn man ein paar Stapel Kopierpapier mitnimmt? Die Einladungen für die 200 Leute zum Polterabend auf dem Farblaserdrucker im Büro ausdruckt? Das steht einem doch alles zu! Es holt sich nur jeder das zurück, was ihm genommen wurde. Weil er so ungerecht behandelt wird. Nach einer Umfrage des Personaldienstleisters Kelly Services hält es fast ein Drittel der deutschen Angestellten für zulässig, Büromaterial mit nach Hause zu nehmen.

Und wie beurteilt Frau Steck-Eins Chef die Situation? Nun, er denkt das Gleiche wie Sie über ihn, wenn er Ihr Klopapier klaut. Er findet es ungerecht, dass Frau Steck-Ein sich eigenständig ihr Gehalt aufbessert.

### Ene mene mu, gerecht bist du!

Was in der Arbeitswelt im Argen liegt, lässt sich immer wieder auf diese einfache Aussage bringen: Ich werde ungerecht behandelt!

Diese Ungerechtigkeit kann viele Gesichter haben:

»Da schufte ich mich Tag für Tag ab, und mein Chef demütigt mich mit einem Hungerlohn. Was auf meinem Konto landet, steht in keinem Verhältnis zu dem, was ich leiste. Und verglichen mit dem, was meine Kollegen bekommen, ist es sowieso ein ständiger Schlag ins Gesicht. Einen Großteil meines Lebens frisst die Arbeit auf – aber was dabei herauskommt, reicht hinten und vorne nicht, um jemals auf einen grünen Zweig zu kommen. Arbeiten, sparen, arbeiten, sparen – das ist alles, was mir bleibt. Und sich ärgern.

Nichts erkennt der Chef an: Bis in die Abendstunden sitze ich an Entwürfen, Vorlagen, Berichten, damit der Chef am nächsten Morgen nicht aufgeschmissen ist – wenn *er* ausgeruht zum Vorstandsmeeting ins Büro schlendert. Er glänzt mit meiner Vorarbeit und heimst meine Lorbeeren ein. Irgendwann gegen Abend lässt er sich endlich dazu herab, mich kurz anzurufen – um mich zu loben? Wo denke ich hin! Cholerisch schnauzt er in die Muschel, dass meine Präsentationsvorlage einen Zahlendreher enthielt. Das habe ihn ganz schön unter Druck gebracht beim Vorstand.

Es wäre ihm recht, wenn ich die Bedeutung des Worts ›Sorgfalt‹ am Wochenende mal in einem Fremdwörterlexikon nachschlagen könnte …

Immer merkt der Chef, wenn ich etwas falsch mache – manchmal auch, wenn es gar nicht so ist. Wenn ich die Zahlen noch mal nachprüfe, stelle ich fest: Sie waren völlig richtig. Aber der Chef hat ja immer Recht. Mit sich reden lässt er nicht. Wieder einmal habe ich viel und gut gearbeitet – und gehe doch geknickt nach Hause, weil er mich mal wieder kurz vor Feierabend niedergemacht hat. So vermiest er einem sogar die wenigen Stunden Privatleben, die man noch hat.

Weil *ich* im Gegensatz zu meinem Chef die *richtigen* Zahlen produziere, könnte ich viel mehr. Aber mein Chef kommt nicht auf den Gedanken, mir mehr Verantwortung zu geben. Meine wahren Fähigkeiten interessieren ihn nicht.

*Ich* interessiere ihn nicht. Ich bin für ihn ein Kostenfaktor mit Personalnummer, und ein undankbarer noch dazu.

Mein Chef stößt mich ständig vor den Kopf – wenn es Lob, Gehaltserhöhungen oder Beförderungsposten zu verteilen gibt, übergeht er mich konsequent. Der Chef respektiert nicht, dass ich auch noch ein Mensch bin, dass ich Interessen außerhalb der Arbeit habe, ein Privatleben.

Es ist zum Heulen.«

Kommt Ihnen das bekannt vor?

Es ist ein Sammelsurium aus Geschichten, die uns frustrierte Arbeitnehmer immer wieder und wieder erzählen und schicken.

Aber wissen Sie was? Auch Ihrem Chef wird zum Thema Ungerechtigkeit so einiges einfallen. Lesen Sie, was wir aus dem Kummerkasten für Chefs gefischt haben:

»Da zahle ich meinen Leuten Monat für Monat gutes Geld, ein dreizehntes, oft sogar ein vierzehntes Monatsgehalt. Die sollen mal schauen, was sie woanders bekämen! Aber immer ist es ihnen zu wenig, und wenn sie mal eine Stunde länger bleiben sollen, weil ein wichtiger Auftrag noch nicht fertig ist, dann murren sie.

Für meine Mitarbeiter ist der monatliche Gehaltsscheck eine Selbstverständlichkeit – nie hat sich jemand bei mir dafür bedankt, dass ich sein

Gehalt angewiesen habe. Aber wenn ich umgekehrt nicht jeden Handgriff meiner Mitarbeiter einzeln ausführlich lobe, am besten im großen Teammeeting vor allen, dann gelte ich als undankbar und ungerecht. Wenn die Buchhaltung das Gehalt aus Versehen einen einzigen Tag zu spät überweist, dann ist der Teufel los – wenn ich meine Abteilung darauf hinweise, dass die Arbeit pünktlich um neun und nicht jeden Tag erst um zwanzig nach neun beginnt, dann gelte ich als kleinkariert.

Wenn ich einen Mitarbeiter ermahne, weil er im Büro durchgehend sein privates E-Mail-Account geöffnet und am Abend zwar den privaten Posteingang, nicht aber seinen dienstlichen geleert hat: Dann versteht dieser Mitarbeiter die Welt nicht mehr!

Und wenn ich abends jemanden dabei aufhalte, wie er mit einem Stapel Kopierpapier für den heimischen Drucker aus dem Büro schlendert, dann schaut der mich an, als würde ich von ihm verlangen, dass er sich auszieht und seine Kleider hier lässt.

Wenn ich erwarte, dass es auch meinen Mitarbeitern nicht völlig egal ist, ob wir die Abteilungsziele erreichen oder nicht, dann starren sie unbeteiligt aus dem Fenster und sagen sich: ›Für das bisschen Geld doch nicht.‹

Es ist zum Heulen.«

Ganz schön unterschiedliche Sichtweisen, nicht wahr? Genauso wie in unseren Einstiegsgeschichten, in denen wir bereits sehr unterschiedliche Standpunkte dazu kennen gelernt haben, wem ein paar Blatt Toilettenpapier oder Kopierpapier wirklich zustehen.

Und wenn Sie ehrlich sind: Keiner der beiden Standpunkte ist völlig von der Hand zu weisen. Gerechtigkeit hat immer viele Facetten, sie ergibt sich immer nur aus dem Blick aufs Ganze. Aber wir Menschen neigen oft dazu, das Gerechte nur aus einem Blickwinkel zu bestimmen: zufällig aus unserem. Gerecht ist, was wir gern hätten. Und wenn wir alle so denken, dann gehen unsere Erwartungen ganz schön auseinander und wir aneinander vorbei – Tag für Tag, Jahr für Jahr, ein ganzes aufreibendes Arbeitsleben lang.

## Was am Gehalt so wichtig ist

Auf unser *Frustjobkillerbuch* erhalten wir bis heute einen großen Strom an Zuschriften: E-Mails, Briefe, Kommentare unter den Rezensionen der Onlinezeitungen. Die Hauptthese des Buches lautet: Als Arbeitnehmer treffen wir in jedem Job auf ähnliche Probleme; die Erwartungen an den Job sind einfach viel zu hoch. Ein Job soll Spiel, Spaß und Spannung bieten, Selbstverwirklichung, Lebenssinn, Anerkennung, nur nette Leute um uns herum, und natürlich viel Geld. Wir haben ein ganzes Bündel an Erwartungen analysiert und an der Realität gemessen. Wir haben gezeigt, woher Enttäuschungen kommen und wie unzufriedene Mitarbeiter ihre Erwartungen an das Arbeitsleben realistischer gestalten können.

Geld war dabei eines der Themen, aber nur eines unter vielen. Wir wiesen schon damals darauf hin, dass Geld eine prominente Rolle für alle Beschäftigten spielt, auch und gerade für solche, die nicht müde werden zu betonen: »Geld ist mir nicht so wichtig.« Die Bedeutung des Gehalts, so schrieben wir, können wir gar nicht überschätzen, ob wir das zugeben oder nicht.

Die Reaktionen auf das *Frustjobkillerbuch* bestätigten diese Aussage in einer Weise, die wir nicht für möglich gehalten hätten. Obwohl Geld zwar wichtig, aber eben tatsächlich nicht alles im Leben ist, bezogen sich fast alle Reaktionen, die wir auf unsere Zeilen bekamen, auf das Einkommen. Lassen Sie uns nur aus zwei Beispielen zitieren, die stellvertretend für viele ähnliche Kommentare stehen:

■ »Immer mehr Menschen bekommen ein Gehalt, mit dem sie sich nichts aufbauen können, da kann die Arbeit noch so viel Spaß machen. Wenn in einer Firma eine Zwei- oder sogar Dreiklassengesellschaft herrscht, in der Arbeitnehmer das Gleiche tun und dennoch Hunderte von Euro weniger verdienen, keine Sozialleistungen bekommen, weniger Urlaub und nur Einjahresverträge, wie soll man sich dann fühlen?«

■ »Was soll ich machen, wenn ich in einem Hungerlohnbetrieb arbeite, aber daheim die Familie Hunger hat, Energie- und weitere Kosten bezahlt werden müssen? Wie soll ich meinen Frust darüber bekämpfen, dass ich als Leiharbeitnehmer 20 bis 40 Prozent weniger verdiene als die direkten Angestellten?«

Und so geht es weiter, Zuschrift für Zuschrift. Über 250 Seiten haben wir über das Arbeitsleben geschrieben und darüber, was der Arbeitnehmer ändern und für sich selbst verbessern kann. Viele Reaktionen haben das alles beiseitegewischt und unmissverständlich deutlich gemacht: Wenn die Entlohnung nicht gerecht ist, ist aus Sicht des Mitarbeiters alles andere verloren. Die Motivation unwiederbringlich erloschen. Über alle anderen Fragen braucht man dann gar nicht mehr zu reden.

Und das ist absolut verständlich! Wir können im Leben kaum einen Fuß vor den anderen setzen, ohne dass es Geld kostet. Wie hoch oder niedrig unser Kontostand ist, führt uns das Leben auf Schritt und Tritt schonungslos vor Augen: Ohne ausreichenden Gehaltsnachweis bekommen wir keine Mietwohnung, wir können nichts fürs Alter zurücklegen, uns nicht privat krankenversichern, uns nicht das schicke Paar Sommerschuhe aus dem Schaufenster leisten und auch nicht den neuen DVD-Festplattenrekorder aus dem Prospekt des Elektronikmarkts. Wir können das klappernde Auto nicht reparieren lassen oder uns erst gar keines leisten. Den Traumurlaub müssen wir uns auf den Fotos der Nachbarn anschauen.

Je weniger Geld wir zur Verfügung haben, desto enger sind die Grenzen, an die wir stoßen. Und wir stoßen alle paar Minuten an irgendeine Grenze, die uns unser Budget setzt. Für die meisten

Menschen gehören die verfügbaren finanziellen Mittel zu den größten Freiheitsbegrenzern in ihrem Leben. Und wer sein Gehalt als ungerecht niedrig empfindet, wird eben alle paar Minuten daran erinnert, was er im Leben – nicht selten unwiederbringlich – verpasst, weil sein Chef ihm nicht mehr Geld bezahlt. Der Chef wird also schnell dafür verantwortlich gemacht, dass auch die Zeit außerhalb des Büros frustrierend ist, dass das ganze Leben irgendwie schlecht und unbefriedigend vor sich hin dümpelt.

Hinzu kommt, dass das Gehalt oft die einzig messbare Wertschätzung ist, die wir für unsere Arbeit erhalten. Diese Wertschätzung gibt es jeden Monat gleich doppelt schwarz auf weiß: auf der Gehaltsabrechnung und auf dem Kontoauszug. Und je nachdem, wie hoch der Betrag ist, handelt es sich dabei um einen Ansporn oder um einen Schlag ins Gesicht.

Was kann nun ein Chef, dessen Mitarbeiter ihn für nicht weniger als ein insgesamt missglücktes Leben und einen monatlichen Schlag ins Gesicht verantwortlich machen, als Gegenleistung erwarten? Motivation? Engagement? Loyalität?

Sicher nicht. Im Gegenteil: Seine Leute werden gegen ihn arbeiten, wo sie nur können – oder einfach gar nichts mehr tun. *Für* den Chef werden sie sich jedenfalls nicht engagieren. Das alles befeuern Zeitungsberichte, in denen die Beschäftigten Woche für Woche lesen müssen, wie viel ihre Chefs verdienen – und dass diese sich ihrerseits darüber beklagen, dass ihnen das auch noch zu wenig ist.

Dass die Chefs sich bei diesem Befund besonders bemühen müssten, erstens für Gehaltsgerechtigkeit zu sorgen und zweitens ihren Mitarbeitern auch glaubhaft zu vermitteln, *dass* sie gerecht bezahlt werden, liegt eigentlich auf der Hand.

Aber was passiert stattdessen?

Es ist erstaunlich, wie wenig ernst die Chefs diesen Punkt nehmen. Wir haben von Chefs Sätze gehört wie diese:

▪ »Das Gehalt ist ohnehin völlig überschätzt.«

▪ »Den Großteil Ihres Lebenseinkommens werden Sie sowieso in den letzten zehn Jahren Ihres Berufslebens verdienen, also machen Sie doch jetzt nicht wegen ein paar Tausend Euro im Jahr herum.«

▪ »Was Sie hier verdienen, reicht doch zum Leben, andere kommen mit viel weniger aus. Seien Sie froh, dass Sie davon keine vier Kinder ernähren müssen wie Herr Soundso.«

Lassen Sie uns schauen, was die Gerechtigkeit dazu sagt. Sie hat ein kleines Memo verfasst:

| | |
|---|---|
| **Von:** | Gerechtigkeit |
| **An:** | Chefs |
| **Betreff:** | Geld |
| **Executive Summary:** | Entfällt. Bitte vollständig lesen. |

Liebe Chefs,

Sie wollen motivierte Mitarbeiter? Fein. Dann sorgen Sie für eine gerechte Entlohnung.

Sie machen sich keine Vorstellung davon, wie es jeden Funken Arbeitsantrieb im Keim erstickt, wenn Ihre Mitarbeiter den Eindruck haben, ungerecht bezahlt zu werden! Nichts anderes verursacht derart starke Ressentiments, Rachewünsche – und das Bedürfnis, durch immer weniger Engagement etwas »ausgleichen« zu müssen.

Ob Ihre Mitarbeiter gerecht bezahlt sind, lässt sich im Wesentlichen an drei Kriterien messen. Diese Kriterien mögen banal klingen, und die meisten Chefs würden beteuern, sie als selbstverständlich zu beachten. In der Realität aber nehmen sie sie fast durchweg auf die leichte Schulter:

1. Ihre Mitarbeiter wollen von dem leben können, was sie verdienen – zumindest dann, wenn sie einem Vollzeitjob nachgehen.

2. Die Bezahlung soll in einem angemessenen Verhältnis zur Leistung stehen. Sie sollen Ihren Geldsack wie der Weihnachtsmann verwalten: Die Braven werden belohnt.

3. Der Vergleich mit den Kollegen muss stimmen.

**Was Chefs tun können**

Liebe Chefs, schauen wir uns das Memo etwas näher an. Die Erwartung, von einem Vollzeitjob leben zu können, ist derart selbstverständlich und legitim, dass es uns immer wieder erschreckt, wie oft sie enttäuscht wird, wie die Politik sich ernsthaft mit der Frage auseinandersetzen muss, ob sie dieses Ziel mit gesetzlichem Zwang erreichen kann und soll. Wenn ein Mitarbeiter auf der einen Seite die volle Arbeitszeit aus seinem Menschenleben hergeben soll, Sie, lieber Chef, auf der anderen Seite aber nicht bereit sind, dafür das Nötigste zu geben, um dieses Menschenleben zu erhalten: Dann ist der Ausgleich in einer Art und Weise gestört, die sich durch nichts mehr reparieren lässt. Allein die vielen Zuschriften, die wir über das letzte Jahr erhalten haben, zeigen uns, welche tiefen Verletzungen eine solche Behandlung verursacht – und wie verbreitet sie leider trotzdem ist.

Auch der zweite Punkt – angemessenes Verhältnis des Gehalts zur Arbeitsleistung – klingt selbstverständlich, ist es aber nicht. In den meisten Fällen fehlt es schlicht schon daran, dass die Leistung mit brauchbaren Mitteln gemessen wird. Wer brav war und wer nicht, bleibt auch zum Jahresende das Geheimnis des Weihnachtsmanns. Patrick M. Lencioni hat in seinem Buch *Die drei Symptome eines miserablen Jobs* drei Umstände herausgearbeitet, die jede Arbeit zur Qual machen. Ganz oben steht: die fehlende Messbarkeit des Arbeitserfolgs.

Nun bemühen sich viele Arbeitgeber ja inzwischen schon redlich, ihre Leute leistungsabhängig zu bezahlen: Zielvereinbarungen, Balanced Scorecards, gestufte Gewinnbeteiligungen. Aber ein paar Anlaufprobleme gibt es hier schon noch. Da finden wir Begriffe wie »Breakthrough Targets« und »Leuchtturmprojekte«. So etwas wollen Chefs erreicht sehen, bevor sie die Kasse klingeln lassen.

Was soll das denn bitte sein?

Hohe Ziele sind ja nichts Falsches. Aber: Ist denn die ganz normale Alltagsarbeit gar nichts mehr wert? Ohne Durchbruch, ohne Leuchtturm? Wenn wir alle nur noch Leuchttürme errichten, weil nur noch die Leuchttürme etwas gelten – dann baut keiner mehr ein normales Haus. Und dann werden auch die Leuchttürme plötzlich überflüssig, so allein, wie sie vor sich hin leuchten. Doch die Personalentwicklung hat praktisch nur die sogenannten »High Potentials« im Blick – die ganz normalen Mitarbeiter werden intern häufig sogar abfällig als »B-Player« bezeichnet, wie Christoph Hus in seinem Artikel »Wertvoller Durchschnitt« in der *Frankfurter Allgemeinen Zeitung* zu Recht kritisiert.

Aber wie wäre es, liebe Chefs, wenn alle Ihre Leute plötzlich die Arbeit am Alltagsgeschäft einstellen und sich nur um gut klingende neue Projekte und Durchbruchziele kümmern würden? Jeder Betrieb würde von einer Minute auf die nächste zugrunde gehen!

Diese ganz normale Arbeit, ohne Leuchtturm und ohne Durchbruch, das ist der wahre Wert, den die Menschen Ihrem Betrieb Ihnen Tag für Tag geben. Das ist der Lebensatem eines jeden Unternehmens. Wenn diese Arbeit nichts mehr zählt, wenn nur noch die Frage gilt »Was hast du in diesem Jahr Neues, Außergewöhnliches, Zusätzliches gemacht?« – dann reißt sich jedes Unternehmen damit sein eigenes Herz aus dem Leib. Wer die Alltagsarbeit gut macht, hat dafür auch gutes Alltagsgeld verdient.

Das heißt nicht, dass nicht auch »Breakthrough Targets« in einer Zielvereinbarung vorkommen können. Aber, liebe Chefs, dafür müssen Sie dann Ihrem Mitarbeiter auch finanziell den Durchbruch bringen. Denn dass er Ihnen den ständigen Durchbruch und dauernden Leuchtturm verschafft und Sie ihm dafür bloß ein alltagstaugliches Gehalt zahlen – diese Rechnung geht nicht auf.

Zum dritten Punkt – Vergleichbarkeit mit dem Gehalt der Kollegen – gibt es interessante Studienergebnisse: Die Unternehmensberatung Deloitte fragte Beschäftigte nach den Dingen, die ihnen am meisten Zufriedenheit am Arbeitsplatz bescheren. Die Befragten konnten verschiedene Kriterien auf einer Skala von eins bis fünf bewerten. Spitzenreiter war die »abwechslungsreiche Teamarbeit« mit einem Wert von 4,30. Ganz knapp, mit 4,24 Punkten, landete auf Platz 2: »Faire Vergütung im Vergleich zu den Kollegen« – noch vor einer positiven Gesamtfinanzsituation des Unternehmens und damit nicht weniger als einem sicheren Arbeitsplatz. Das will schon etwas heißen in Zeiten, in denen die Angst, entlassen zu werden, zu einer Massenangst geworden ist!

Doch wie gehen viele Chefs damit um? Nun, nach wie vor

verbieten es viele Arbeitsverträge, überhaupt ein Sterbenswörtchen über sein Gehalt zu verlieren. Die Gehaltsliste liegt wie Kronjuwelen im Tresor. Was passiert dann? Stellen Sie sich vor, lieber Chef, Sie und Ihr Zwillingsbruder bekommen Ihr erstes Taschengeld – und er sagt Ihnen:»Ich darf dir nicht verraten, wie viel ich bekomme. Hat Papa mir verboten.« Was würden Sie denken? Dass da alles mit rechten Dingen zugeht? Natürlich nicht! Und natürlich denken das Ihre Mitarbeiter auch nicht.

Was, in aller Welt, ist am Gehalt so unglaublich geheim – wenn es gerecht ist? Ist nicht der einzige wirkliche Grund für die Geheimniskrämerei, dass sich viele Gehälter tatsächlich nicht gegenüber Kollegen rechtfertigen lassen?

Wenn Sie sich etwas dabei gedacht haben, lieber Chef, dass Sie Frau Montag mehr bezahlen als Herrn Dienstag, dann sollten Sie auch in der Lage sein, diese Gedanken zu erläutern. Und wenn Sie sich nichts dabei gedacht haben – dann sollten Sie in der Lage sein, Ihr Gehaltsgefüge gerecht zu machen. Es gibt viele Kriterien, an denen man Gehaltsunterschiede festmachen kann: Ausbildung, Zusatzqualifikationen, Berufserfahrung, Arbeitszeiten, Abteilungsergebnisse, Abwerbeangebote. Die Auswahl an objektiven, durchaus vermittelbaren Unterscheidungskriterien ist groß. Über sie zu sprechen ist keine Schande, sondern klug.

### Auch ein faires Gehalt schmerzt immer

Zufrieden, liebe Arbeitnehmer?

Die Sache funktioniert aber nur, wenn Sie auch mitspielen. Ein Chef sagte uns einmal:»Wenn ich die Gehälter offenlegen würde, würden sich alle nur am höchsten Gehalt im Betrieb messen. Jeder ordnet sich subjektiv immer ganz oben ein, keiner kann glauben, dass ein anderer allen Ernstes besser sein und mehr verdienen sollte als er selbst.«

Studien legen in der Tat nahe, dass das oft so ist: So stellte man etwa in einer Versuchsanordnung Probanden vor die Wahl zwischen zwei finanziellen Welten: In der einen Welt verdienen sie 60 000 Euro, während das Durchschnittseinkommen bei 30 000 Euro liegt; in der anderen Welt verdienen sie das Zehnfache: 600 000 Euro – allerdings liegt in dieser Welt das Durchschnittseinkommen bei einer Million.

Was glauben Sie: Für welche Welt entscheiden sich die befragten Menschen mehrheitlich? Für den zehnfachen Betrag, der aber unter dem Durchschnitt liegt? Nein. Die meisten Menschen sind bescheiden. Sie würden den niedrigeren Betrag nehmen – ihnen ist es viel wichtiger, dass ihr Einkommen über dem ihrer Mitmenschen liegt, als dass es absolut gesehen besonders hoch ist.

Der Epileptologe Professor Christian Elger und der Ökonom Professor Armin Falk haben, zusammen mit einem Team Bonner Wissenschaftler, diesen Befund sogar neurowissenschaftlich belegt: Sie ließen verschiedene Testpersonen parallel die gleichen Aufgaben an einem Computerarbeitsplatz erledigen – gegen Geld, aber gegen unterschiedlich viel Geld. Sie sagten den Testpersonen jeweils, wie viel ihr Nachbar für seine Arbeit bekam. Dabei beobachteten sie die Durchblutung des Gehirns, und zwar vor allem des sogenannten Belohnungszentrums. Sie fanden heraus, dass das Belohnungszentrum kaum aktiviert wurde, wenn der Nachbar die gleiche Vergütung erhielt – sehr stark hingegen, wenn er deutlich weniger bekam.

Und die Folge: Mehr als 80 Prozent aller Beschäftigten meinen, sie verdienten viel zu wenig – auch dann, wenn sie von Ihrem Einkommen gut leben können, wenn es objektiv ihrer Leistung entspricht und auch im Gehaltsgefüge fair platziert ist. Finden wir nur irgendjemanden, der überhaupt mehr verdient als wir, kommen wir uns schon zurückgesetzt vor. Und ungerecht behandelt. Wenn es um unser eigenes Gehalt geht, setzt bei uns oft jeder Sinn für Realität aus. Wir halten uns stets für weit überdurchschnittlich gut und wertvoll – wer möchte auch nur Durchschnitt sein und wie Durchschnitt behandelt werden? Oder noch schlimmer: unterdurchschnittlich?

## Was Mitarbeiter tun können

Unsere Recherchen haben ergeben, dass die meisten Beschäftigten den objektiven Marktwert ihrer Arbeit maßlos überschätzen. Ein Blick auf eine der vielen Internetseiten für Gehaltsvergleiche erstaunt so manchen. Wir haben oben dafür plädiert, dass der Chef nicht die »normale« Arbeit dadurch entwertet, dass er ständig nur neue Durchbruchziele von seinen Mitarbeitern verlangt – genau so muss aber auch der Mitarbeiter ein »normales« Gehalt schätzen, ohne dass es ständig neue Schallmauern durchbricht. Das bloße Argument »Ich hätte aber trotzdem gern mehr« ist kein Argument.

Denn dass wir alle gern mehr hätten, ist klar. Alles wird teurer, die Ansprüche steigen, und was wir heute erreicht haben, finden wir morgen schon wieder langweilig und zu wenig. Doch nicht immer, wenn jemand mehr verdient als man selbst, geht es gleich ungerecht zu und darf man die beleidigte Leberwurst spielen. Wer Gerechtigkeit fordert, muss sich auch an dieser Forderung messen lassen, bereit sein, sich einem Vergleichsmaßstab zu stellen. Dazu kann es gehören, schlicht und ergreifend zu akzeptieren, dass mancher Kollege mit seiner Arbeitskraft mehr wert ist als man selbst. Das ist eine unschöne Erkenntnis, denn niemand findet sich gern auf Rang zwei oder drei wieder. Wollen wir aber fair miteinander umgehen, dürfen wir diese Erkenntnis nicht deswegen ausblenden, weil wir sie nicht mögen. Wenn zum Beispiel Herr Meier als Leiter der Rechtsabteilung sehr gute Examensnoten und einen Doktortitel hat, wenn er schon zehn Jahre im Beruf ist und im letzten Jahr für das Unternehmen zwei wichtige Prozesse gewonnen hat – dann ist es vielleicht einfach gerechtfertigt, dass er doppelt so viel verdient wie jemand, der erst vor zwei Jahren als Diplom-Designer mit mittelmäßigem Abschlusszeugnis seinen ersten Job in der Abteilung »Interne Kommunikation« angetreten hat. Der Unterschied besteht nicht nur in Alter und Qualifikation, sondern auch darin, dass beide ihre Arbeitskraft auf völlig unterschiedlichen Arbeitsmärkten anbieten.

## Warum Spielen nur Spielgeld bringt

Und was geschieht, lieber Mitarbeiter, wenn der Chef einmal aus Versehen ein paar Euro Gehalt zu wenig überweist? Sofort gehen Sie zur Personalabteilung und fordern den Restbetrag nach. Richtig so, denn vereinbart ist vereinbart! Es gibt ohne besonderen Anlass keinen Grund dafür, dass der Chef einfach ein paar Euro einbehält.

Wie aber schaut es mit Ihrer Gegenleistung aus? Auch die ist vereinbart, und zwar in der Regel als eine bestimmte Arbeitszeit. Und auch hier gibt es keinen Grund dafür, dass Sie einfach aus Versehen ein paar Stunden, Tage oder Wochen im Jahr einbehalten. In der Realität aber würde so mancher Chef einen Mitarbeiter weniger schnell über dessen dienstliches E-Mail-Account erreichen als über eine Website wie diese:

---

**Nachrichten**

**IHR JOB**

## Chef braucht Sie

Klärungsbedarf im Büro: Ihr Chef braucht für ein Kundengespräch noch wichtige Zahlen von Ihnen. Er wäre Ihnen sehr zu Dank verbunden, wenn Sie kurz mit Alt+Tab die Fenster wechseln und in Ihr dienstliches E-Mail-Postfach schauen könnten. Dort hat er Ihnen **mehr ...**

Weitere Themen
**Mitarbeiterversammlung:** Was Sie jetzt wissen müssen
**Kaffeeküche:** Neue Pads eingetroffen

[ zum Diskussionsforum ]

---

Das Internet hat sich als offizielle Alternative zur Arbeit etabliert. Tommy Jaud schreibt in seinem Roman *Millionär:* »Ich ziehe die speckige Tastatur zu mir und tippe wie jeden Morgen spiegel.de in die Adresszeile des Browsers. Ich habe die ständige Angst, dass gerade irgendetwas Schreckliches passiert und ich nichts erfahre davon. [...] Heute ist nichts passiert, Gott sei Dank. Beruhigt melde ich mich bei gmx an und bekomme sechs neue Nachrichten präsentiert.«

*Millionär* ist eine Komödie. Was Tommy Jaud schreibt, ist witzig, weil für viele Menschen tatsächlich jeder Tag im Büro so beginnt. Der Humor funktioniert über den Wiedererkennungseffekt.

Denn manche Mitarbeiter müssen Alt+Tab gleich mehrfach drücken, um überhaupt wieder erstmals auf ein dienstlich geöffnetes Fenster zu stoßen: Auf dem Weg dahin bleiben sie noch im privaten E-Mail-Account hängen und auf der Seite mit den Produkttests zu den Digitalkameras. Es macht sich ja auch keiner eine Vorstellung davon, wie viel Zeit man heute braucht, um alle Modelle miteinander zu vergleichen! Wenn es dafür nicht das gut beheizte Büro gäbe! Dann kurz hektisch rüber zu eBay – da laufen zwei Aktionen, die beide um 15:00 Uhr enden…

So machen manche Mitarbeiter an einem Nachmittag auf eBay mehr privaten Umsatz als für das Unternehmen. Am Abend sind

## Erstes Gebot
## Du sollst nehmen, was du gibst, und geben, was du nimmst

### Für Brötchen-Geber:

Du sollst deine Mitarbeiter gerecht entlohnen und deinen Geldsack wie der Weihnachtsmann verwalten – die Braven werden belohnt. Du sollst deine Mitarbeiter weder unter- noch überfordern.

### Für Brötchen-Nehmer:

Du sollst während der Arbeit arbeiten, denn die Arbeit ist kein privater Internetspielplatz, kein Ponyhof und auch keine Beautyfarm. Du bist nicht Robin Hood und sollst deinen Arbeitgeber nicht durch »private Gewinnmitnahmen« schädigen.

alle privaten E-Mails beantwortet, aber der dienstliche Eingangs-
korb ist noch voll. Doch uuuups – schon gleich Feierabend. Wenn
der Chef nach dem neuen Marketingkonzept fragt, das heute fertig sein sollte, bekommt er etwas von Arbeitsüberlastung zu hören …

Wenn man zur besten Arbeitszeit einmal überprüft, wie viele
Menschen bei Chats und anderen Kommunikationsplattformen
online sind – dann bekommt man eine ungefähre Vorstellung davon, wie viele Menschen heutzutage bei der Arbeit noch arbeiten.

Wer aber bei der Arbeit nicht mehr arbeitet – der darf sich
nicht wundern, wenn sein Gehalt demnächst als Spielgeld kommt.

Arbeit gegen Geld, Spiel gegen Spielgeld – das ist nur fair.

## Zweites Gebot
## Du sollst teilen und herrschen

Ein Kinderzimmer irgendwo in Deutschland: Lena baut einen
Turm. Klötzchen für Klötzchen. Groß soll er werden. Bunt soll er
werden. Ihr kleiner Bruder Lukas sitzt auf seinem Schaukelpferd.
Mit großen Augen verfolgt er den Fortschritt. Das Werk wächst
und gedeiht. Lena quietscht vor Freude. Der kleine Lukas wippt
vor und zurück. Ihre Mama ruft die beiden in die Küche. Sie hat
Limonade zubereitet. Lena wirft einen stolzen Blick auf den
Turm: So schön hat sie den noch nie hinbekommen. Der kleine
Lukas steigt von seinem Ross. Er strahlt über das ganze Gesicht.
Mit einem Tritt macht er Lenas Meisterleistung dem Erdboden
gleich.

»So ein Spielverderber«, denken Sie jetzt und wundern sich,
was Lenas und Lukas' Spielzimmer mit unserem Thema zu tun
hat. Nun: Es ist egal, welche Kulisse wir wählen – ob Kinderzimmer oder Konferenzraum. Und es ist egal, ob wir 3 oder
53 Jahre alt sind. Eines bleibt immer gleich: Wir wollen immer
nur das Eine – mitspielen!

Der kleine Lukas sah all die schönen Klötzchen und wollte so
gerne mitmischen. Doch sein Schwesterherz hatte sich zur Chefin
aufgespielt, es ihm verboten und ihn auf sein Schaukelpferd ver-
bannt. Es kam, wie es kommen musste: Lukas wurde frustriert
und kam auf dumme Gedanken.

Und so wie dem kleinen Lukas geht es leider vielen Menschen in vielen Betrieben an vielen Orten dieser Arbeitswelt. Werden wir ausgeschlossen, sind wir frustriert.

## Warum es so wichtig ist, dass wir mitmischen dürfen

»Eine Tätigkeit mit vielfältigen Gestaltungsmöglichkeiten« – so heißt es oft in Stellenanzeigen oder im Vorstellungsgespräch. Das weckt natürlich Erwartungen. Selbst gestalten – das ist befriedigend, kreativ, zeugt von einer eigenverantwortlichen Tätigkeit. Wer will das nicht?

Kaum eingestellt, bürden Sie sich auch schon fröhlich Verantwortung auf: Sie sitzen hoch motiviert noch bis nachts am Schreibtisch und kreieren zum Beispiel eine neue Kundenbroschüre. Der Chef hatte ja schon gleich bei Ihrer Einstellung gesagt, dass er sich insbesondere zu diesem Thema auf ein paar frische Ideen von Ihnen freue.

Leider kommt die Ernüchterung bald. Beim nächsten Meeting bügelt Ihr Chef Ihre Ideen eine nach der anderen ab: Ihr Entwurf sehe ja wirklich ganz toll aus. Er harmoniere aber leider nicht mit den Corporate-Design-Richtlinien, über die gerade nachgedacht werde. Da setze man jetzt mehr auf Blablabla und nicht mehr so auf XY. Eine andere Papierqualität? Das komme nicht infrage, man könne das Budget nicht explodieren lassen. Und ob man die Kunden in der Broschüre duzen oder siezen solle – darüber habe man schon vor Jahren ausführlich im Unternehmen diskutiert; dieses Fass sollten Sie bitte unter keinen Umständen noch einmal neu aufmachen. Verdutzt verlassen Sie sein Büro. Ist das der versprochene Gestaltungsspielraum? »Mein Chef weiß immer alles besser«, klagen Sie dann abends.

Ein Hauptgrund für die innere Kündigung ist die Entfremdung von der Arbeit: Die meisten Mitarbeiter haben den Eindruck, dass sie nicht ausreichend gestalten können, nicht genug Einfluss auf Entscheidungen haben, auf das, was am Arbeitsplatz geschieht. Ständig pfuscht ihnen jemand rein, müssen sie sich mit jemandem abstimmen, werden ihre Ideen abgewehrt, weil sie mit irgendetwas oder irgendwem nicht vereinbar sind.

Eine weltweite Onlinestudie des Stellenportals Stepstone mit 25 000 Befragten belegt diesen traurigen Trend: Nur 17 Prozent der deutschen Betriebe belohnen ihre Belegschaft für gewinnbringende Vorschläge. Mitdenken lohnt sich also nicht!

Den Einfluss auf das Endprodukt können daher die wenigsten Mitarbeiter noch erkennen. Sie scheinen nur noch Ausführende in einem unerträglich engen Korsett zu sein. Das Prinzip »Teamwork« weist ihnen nur bestimmte Steine im Gesamtmosaik zu; für die anderen Steine sind andere verantwortlich – mit denen man sich wieder abstimmen muss. Und im Gesamtmosaik findet sich am Ende keiner mehr so richtig wieder, der eigene Beitrag ist leider untergegangen. Identifikation mit »unseren« Arbeitsergebnissen, mit »unserem« Unternehmen? Gleich null!

»Ganz genau so ist es doch«, sagen Sie jetzt energisch.

Und das sagen Sie völlig zu Recht – denn was wir hier beschreiben, ist leider Realität in vielen Unternehmen. Auch im Rahmen unserer eigenen Untersuchungen mussten wir immer wieder feststellen, dass sich dieses Phänomen durch alle Branchen zieht und dort alle Hierarchieebenen betrifft. In der Folge kommen da dann ganz rasch unsere üblichen Verdächtigen auf den Plan: Jobfrust und Arbeitsverweigerung.

Das ist nur allzu gut nachvollziehbar!

## Wer ist hier der Spielverderber?

Wir werden noch wissenschaftlich begründen, weshalb es so wichtig ist, dass Ihr Chef Sie mitspielen lässt. Doch zuvor wollen wir für einen kurzen Moment die Perspektive Ihres Chefs nachvollziehen. Als Reaktion auf unser *Frustjobkillerbuch* haben wir unter anderem folgenden Leserbrief erhalten, den wir Ihnen nicht vorenthalten möchten.

Sehr geehrter Herr Dr. Kitz,
sehr geehrter Herr Dr. Tusch!

Zunächst einmal möchte ich mich bei Ihnen für Ihre grundsätzlich brauchbaren Ausführungen bedanken […].
Sie schreiben […] viel über die Themen »Eigenverantwortlichkeit« und »Freiheitsbegrenzung«. Ich stimme Ihnen zu, dass ich als Vorgesetzter häufig die Rolle des Freiheitsbegrenzers übernehmen muss. Dazu möchte ich allerdings zweierlei anmerken: Erstens habe ich selbst einen Vorgesetzten über mir, der mich in meiner Freiheit begrenzt. Mir geht es da keinen Deut besser als meinen Mitarbeitern. Glauben Sie, mir macht es Spaß, die neuen Richtlinien zum Corporate Design umsetzen zu müssen? Aber auch für mich gilt: Alles Gute kommt von oben… Deshalb weiß ich genau, wie sich eine solche Begrenzung anfühlt.
Zweitens, und wichtiger noch, möchte ich Ihnen darlegen, weshalb sich so manche Freiheitsbegrenzung im Arbeitsalltag einfach nicht vermeiden lässt. Ich schildere Ihnen einmal ein ganz einfaches, aber typisches Beispiel aus meinem heutigen Vormittag:
Wie jeden Donnerstag haben wir unser Bürogespräch. Und wie jeden Donnerstag verbringen wir wieder viel Zeit mit Diskussionen. Heute geht es um die Gestaltung der diesjährigen Weihnachtskarten. Herr ████ aus der Produktion

meint, angesichts der angespannten finanziellen Lage
könnten wir die Karten in diesem Jahr doch selbst drucken.
Er hat schon alles ausgerechnet – im hauseigenen Schwarz-
Weiß-Druck ließen sich enorm Kosten einsparen. Die Kollegin vom Marketing bringt energisch die Idee ein, jedem
Kunden per E-Mail eine musikalische Weihnachtsbotschaft zu
schicken. Papierkarten seien völlig out und auch nicht um-
weltfreundlich. Der Vertriebler ████████, der gern und zu-
gegebenermaßen gut in seiner Freizeit malt, zieht einen
eigenen Entwurf aus der Tasche – der im Vierfarb-Relief-
Druck umgesetzt werden soll. Was den Text der Karten betrifft, hat auch jeder so seine eigenen Formulierungsvor-
schläge…

Während ich schon ernsthaft darüber sinniere, diesen Brief
an Sie beide zu verfassen, weist Frau ██████ aus der Fi-
nanzbuchhaltung darauf hin, dass wir uns mit Oster- statt
Weihnachtskarten in diesem Jahr einmal von allen anderen
abheben könnten. Am Ende bestimme ich, dass wir es einfach
so machen wie letztes Jahr – sonst schaffen wir es überhaupt nicht mehr rechtzeitig mit den Karten.

Und alle vier fragen mich nach dem Gespräch unter vier Augen, wie sie sich überhaupt noch mit unserer Firma identifizieren sollten, wenn jede Idee und Eigeninitiative immer
gleich im Keim erstickt werde?

Nun würde ich ja meine Leute gern mitbestimmen lassen. Die
Vorschläge sind ja auch alle brauchbar: Jede Idee für sich
hat ihren Charme, und ich freue mich, wenn meine Mitarbeiter mitdenken. Aber klar ist doch auch: Es kann nur eine
einheitliche Weihnachtskarte des Unternehmens geben – und
da kann eben nicht jeder seinen Willen durchsetzen! Jemand
muss eine Entscheidung treffen, sonst geht der Laden im
Chaos unter. An wem hängt diese undankbare Aufgabe? Natürlich an mir…

Und was für so harmlose Sachen wie Weihnachtskarten gilt,
trifft für viel wichtigere Dinge natürlich erst recht zu:
Meine Angestellten wollen bei allem mitgestalten: Gehaltserhöhung trotz Rezession, Änderung des Arbeitszeitmodells:

heute Stunden aufstocken, morgen Stunden reduzieren, hier mal später kommen, da mal früher gehen, Telearbeit, die Einarbeitung von neuen Kollegen, Arbeitsplatzbeschreibung und Aufgabenverteilung im Team […].

Damit eines klar ist: Ich verstehe schon, dass diese Themen meinen Leuten am Herzen liegen – immerhin verbringen sie durchschnittlich ein Drittel ihres Tages bei uns in der Firma. Aber es ist genau so wie beim Bürogespräch: Die Ideen sind oft gut – aber wenn jeder nach seinen Vorstellungen gestaltet, können wir nicht mehr zusammenarbeiten. Trotzdem ist jeder gleich eingeschnappt, wenn ich seine Meinung nicht eins zu eins übernehme!

Wenn Sie zwei Milchgesichter sich schon »Frustjobkiller« schimpfen, dann will ich hier mal meinen Frust loswerden: Auch ich als Chef bin beschränkt! Ich kann es nicht allen recht machen!

In freudiger Erwartung Ihrer baldigen Antwort verbleibe ich mit freundlichen Grüßen,

~~Dr. Olaf H...~~

(stellvertretende Geschäftsleitung)

Das war also die Kehrseite der Medaille, und wir müssen zugeben, dass auch diese Seite nicht ganz vom Schreibtisch zu wischen ist. Was glauben Sie, wie es diesem Vorgesetzten geht, wenn ihm seine Leute den lieben langen Tag mit ihren Vorschlägen und Forderungen die Bude einrennen? Wenn alle glauben, alles besser zu wissen, den Gesamtüberblick zu haben und bestimmte Sachzwänge nicht berücksichtigen zu müssen?

Der Chef meint es meist gar nicht böse, wenn er Ihren Vorschlag nicht aufgreift: Vermutlich war Ihre Idee durchaus plausibel. Weil aber die Vorstellungen aller Mitarbeiter einfach nicht unter einen Hut passen, können eben auch nicht alle Beteiligten gleichermaßen auf ihre Kosten kommen. Der Chef muss zwischen den verschiedenen Alternativen abwägen und eine Entscheidung fällen. Er hat keine andere Wahl! Wie ist es also für den Vorgesetzten, wenn er wiederum vor lauter Koordination der Mitsprache-»Angebote« seinem eigentlichen Job nicht mehr nachkommen kann? Befriedigend und produktiv wohl kaum! Das müssen wir an dieser Stelle wohl oder übel einsehen.

Damit sind die wechselseitigen Probleme hinsichtlich Entscheidungsfreiheit und Freiheitsbegrenzung jetzt beschrieben, aber noch nicht gelöst. Dazu müssen wir zuerst ihre Ursachen besser verstehen, indem wir in die arbeitspsychologischen Abgründe eintauchen. Danach können wir uns dann gemeinsam auf die Lösungssuche begeben und schauen, wie wir für beide Seiten einen Ausweg aus der Abwärtsspirale finden.

## Der Führungsschlüssel

Wie ist es zu erklären, dass sich viele Mitarbeiter auf die von dem Chef oben monierte Weise verhalten? Und manchmal noch nicht einmal merken, was dieses Verhalten bei Vorgesetzten auslöst und für Probleme in der Organisation bewirkt? Sollte gar das Querulanz-Gen schuld sein?

Mitnichten! Die Dinge liegen so: Wir Menschen fokussieren uns grundsätzlich auf uns selbst und suchen Bestätigung. Wir wollen hier dieses zutiefst menschliche Phänomen genauer unter die Lupe nehmen, denn einer der häufigsten Sätze, die wir von im Arbeitsleben enttäuschten Menschen immer wieder gehört haben, lautet: »Meine Meinung zählt sowieso nicht.« Oft kommt noch die Aussage hinzu:»Egal, was ich auch vorschlage – der Chef weiß und kann es schon aus Prinzip besser.« Und genau das ist der wunde Punkt: Wir Menschen wünschen uns nichts sehnlicher, als teilhaben zu dürfen, wichtig zu sein, etwas zu sagen und vor allem zu entscheiden zu haben.

Was aber nehmen wir stattdessen wahr? Chefs hören ihre Leute nicht an und fällen wesentliche Entscheidungen im Alleingang. Wir haben in unseren langjährigen Studien praktisch keine Mitarbeiter gefunden, die nicht über mangelnde Möglichkeiten der Mitbestimmung klagten. Bis hierhin ist also alles völlig berechtigt!

Das – bislang ungelöste – Problem ist nur, dass uns im herkömmlichen Unternehmen ein personelles Ungleichgewicht begegnet: Jeder Mitarbeiter hat in der Regel nur *einen* Vorgesetzten, bei dem er gerne mitreden möchte und der seine Ideen und Vorschläge – bitte schön – in seine Entscheidungen einfließen lassen soll. Umgekehrt hat aber jeder Vorgesetzte mehrere Angestellte zu betreuen, das heißt, er hat vielleicht 37 Mitarbeiter im Nacken sitzen, die überall mitbestimmen wollen. Diesen sogenannten »Führungsschlüssel« nehmen die Mitarbeiter allerdings kaum wahr. Denn wir Menschen schließen meist von uns auf andere und nehmen nicht die Perspektive unseres Gegenübers ein. Das nennt man Egozentrismus: Wir betrachten uns selbst als Zentrum allen Geschehens und bewerten alle Ereignisse von unserem eigenen Standpunkt aus.

### Ich denk immer nur an ... mich

Egozentrismus ist ein entwicklungspsychologischer Begriff, der auf Jean Piaget zurückgeht. Er ist eine kindlich-kognitive (gedankliche) Geisteshaltung, die daraus resultiert, dass das Kind noch keine Vorstellung von seinem eigenen Ich hat: Es stellt sich selbst als die Welt vor, es *ist* die Welt. Wir überwinden diesen Egozentrismus mit zunehmendem Alter durch Erfahrung, sozialen Austausch und Konflikte. Das allerdings gelingt uns Menschen jeweils unterschiedlich gut.

Wie äußert sich Egozentrismus nun ganz konkret?

Wenn Sie am Telefon den kleinen Lukas fragen, was er zum Geburtstag geschenkt bekommen habe, so antwortet er ganz selbstverständlich:»Das da!« Ihm ist dabei nicht bewusst, dass Sie über das Telefon leider keine Möglichkeit haben, das Schaukelpferd zu sehen, auf das er gerade zeigt.

»Gut«, sagen Sie sich jetzt vielleicht,»nettes Beispiel, aber was hat das mit mir zu tun? Schließlich bin ich kein Kind mehr.« Das ist vollkommen richtig. Aber auch Ihnen können wir den einen oder anderen egozentrischen Moment nachweisen. Wollen wir wetten?

Stellen Sie sich die folgende Situation vor: Sie wachen morgens schweißgebadet auf, Ihr Hals ist dreimal so dick wie üblich, und Ihre Füße sind übersät mit suppentellergroßen grünen und blauen Pocken. Sie rufen geistesgegenwärtig Ihre Hausärztin an und bitten höflich-verzweifelt darum, sofort dazwischengeschoben zu werden. Die Arzthelferin am anderen Ende der Leitung leidet mit Ihnen und äußert ihr aufrichtiges Bedauern – aber das Wartezimmer sei zum Bersten voll, im Moment sei da wirklich nichts zu machen.»Es dauert doch nur drei Minuten«, jammern Sie verzagt in die Muschel.

Und, schnapp, sind Sie in die Egozentrismus-Falle getappt. Denn: Das Drei-Minuten-Argument gilt nur aus Ihrer Sicht. Die Arzthelferin hat eine ganz andere Zeitrechnung und Sicht auf die Angelegenheit: Sie ist nämlich schon 45 Minuten im Verzug, weil am heutigen Vormittag bereits 15 weitere dickhalsige und pockenfüßige Patienten angerufen haben, die alle nur »mal eben für drei Minuten« dazwischengeschoben werden wollten.

Wie verbreitet die Egozentrismus-Problematik ist und wie gravierend dabei Sichtweisen auseinanderklaffen können, zeigt ein Beispiel aus unserer Coaching-Praxis: Es ging um eine Krisenintervention zwischen einer Vorgesetzten und ihrem Mitarbeiter in einer internationalen Bank. Der Mitarbeiter wollte bei allem und jedem mitreden und -gestalten und forderte – kein Scherz – nahezu täglich ein halb- bis zweistündiges Gespräch mit seiner Vorgesetzten ein. Regelmäßig wollte er ausführlich darüber diskutieren, warum nicht alle seine Vorschläge umgesetzt wurden. Aus seiner Sicht war das nicht viel, gemessen an den zu besprechenden Themen und anstehenden Entscheidungen und an all den Ideen, die er hatte. Die Vorgesetzte allerdings war mit diesem Ansinnen völlig überfordert und hatte auch schon des Öfteren versucht, freundlich bis sehr direkt klarzustellen, dass dies nicht so ohne weiteres umsetzbar sei. Aus irgendeinem Grund war sie mit ihren Argumenten nicht bis zu ihrem Mitarbeiter vorgedrungen, und so bat sie in ihrer Erschöpfung und Verzweiflung um externe Hilfe.

Und hier ergab sich ein ähnliches Bild wie oben in der Arztpraxis: Der Mitarbeiter hatte nicht berücksichtigt, dass seine Vorgesetzte außer ihm noch für 42 weitere Mitarbeiter zuständig war, die alle auch gute Ideen und Verbesserungsvorschläge hatten und gerne mitreden und -bestimmen wollten. Sie konnte weder alle Vorschläge aufgreifen, noch mit allen ausführlich darüber diskutieren, warum welcher Vorschlag nicht übernommen werden konnte. Erst als wir den Mitarbeiter anleiteten, »in den Schuhen seiner Chefin zu gehen« – das heißt, sich in ihre Perspektive einzudenken und einzufühlen –, begriff er, dass sein Wunsch nach diesem Ausmaß an Teilhabe rein faktisch unmöglich erfüllbar war.

## Bei aller Liebe nicht!
## Warum wir nie tun, was wir sollen,
## und nie kriegen, was wir wollen

Diese Sichtweise macht uns verständlich, dass der Chef ab und zu den Gestaltungsspielraum seiner Leute begrenzen *muss*. Das ist unvermeidlich und sein gutes Recht – sonst wäre der Arbeitsalltag für ihn, seine anderen Angestellten und letzten Endes auch Sie selbst einfach nicht mehr praktikabel.

Das soll aber nicht heißen, dass der Chef einen Freibrief hat, alle immer platt zu walzen, alle Ideen abzubügeln und über alle Köpfe hinweg alles im Alleingang zu entscheiden.

Deswegen ist es jetzt allerhöchste Eisenbahn, dass auch Sie, liebe Mitarbeiter, endlich zu Ihrem Recht kommen: Wir untersuchen nun, warum es auch für Ihren Chef selbst wichtig ist, Sie an Entscheidungen teilhaben zu lassen.

Vor einigen Jahren hatten wir eine ganze Abteilung eines großen Kosmetikkonzerns im Team-Coaching. Ausgangspunkt war, dass sich im Laufe der Zeit sogenannte »Missstimmungen« zwischen dem Chef und seinem 26-köpfigen Team ergeben hatten. Eine differenzierte Konfliktanalyse erbrachte folgendes Resultat: Der Chef warf seinen Mitarbeitern fehlende Motivation, geringes Engagement und mangelnde Verantwortungsübernahme vor. Die Mitarbeiter hingegen beklagten, sie würden nicht ernst genommen, dürften sich und ihre Ideen nicht einbringen, und sie hätten den Eindruck, ihr Chef traue ihnen nichts zu. Beide Seiten litten sehr unter der Zusammenarbeit.

Und beide Seiten hatten Recht. Denn dummerweise waren sie gemeinsam in folgenden paradoxen Teufelskreis geraten: Der Chef war sehr erfahren und selbstbewusst. Er war ein Mann der Tat, der rasch Dinge durchblickte und gerne im Alleingang Entscheidungen fällte. Durch sein Können und sein beherrschendes Auftreten nahm er seinen Mitarbeitern allerdings jedweden Beteiligungs- und Entscheidungsspielraum. Sein Team wiederum fühlte sich deshalb hilflos und überflüssig. Nach kurzem Aufbäumen und der vergeblichen Forderung nach mehr Teilhabe reagierten die Mitarbeiter nach und nach mit innerer Kündigung, überließen ihrem Vorgesetzten das Feld und zogen sich resigniert zurück. Das Kommende war unvermeidlich: Der Chef bemerkte, oh Wunder, bei seinen Leuten Motivationsschwierigkeiten und vermisste ihr Engagement. Er zweifelte (*aus seiner Sicht* völlig zu Recht) an ihrem Verantwortungsgefühl und delegierte gar nichts mehr – und verlangte gleichzeitig von seinen Mitarbeitern, sie sollten sich mehr engagieren. Seine Mitarbeiter empfanden sich von Tag zu Tag als überflüssiger und taten (*aus ihrer Sicht* völlig zu Recht) bald gar nichts mehr.

Keiner der Beteiligten meinte es böse! Und doch war es für beide Seiten ein regelrechter Albtraum. Der Chef: völlig überlastet und ratlos. Seine Mitarbeiter: überflüssig und zutiefst gekränkt.

Erst als beide Seiten diesen Teufelskreis erkannten und sich einmal gegenseitig in die Lage des jeweils anderen versetzten, konnten sie sich langsam annähern und gemeinsam festlegen, wer in Zukunft welche Aufgaben mit welcher Intensität erledigen würde.

### Boss, rutsch mir doch den Buckel runter

Wie kann es zu solch wahrhaft fatalen Verstrickungen – die uns in vielen Unternehmen und in verschiedenen Varianten immer und immer wieder begegnet sind – kommen? Auch hier helfen uns die Erkenntnisse aus der Arbeitspsychologie weiter.

Die Mitarbeiter aus dem obigen Beispiel taten, um es auf den Punkt zu bringen, genau das Gegenteil dessen, was ihr Chef von ihnen erwartete: Sie verweigerten die Beteiligung an Entscheidungen und die Verantwortungsübernahme. Dieses Verhalten bezeichnet man als reaktant. Reaktanz ist eine komplexe Abwehrreaktion, ein Widerstand gegen äußere oder innere Einschränkungen. Sie wird unter anderem durch psychischen Druck, zum Beispiel Drohung, ausgelöst oder dadurch, dass Freiheitsspielräume eingeschränkt werden, zum Beispiel durch Verbote oder Zensur. Das reaktante Verhalten besteht dann darin, dass wir die unerwünschten oder verbotenen Handlungen weiterhin oder sogar erst recht ausführen – auf diese Weise möchten wir nämlich unsere Freiheiten zurückerobern. Die Reaktanz ähnelt somit dem Trotz, dem »Reiz des Verbotenen«. Im Extremfall haben wir übrigens von der Handlungsmöglichkeit freiwillig nie Gebrauch gemacht, *bevor* die Beschränkung eingetreten ist – üben die Handlung aber seitdem aus. Verrückt!

Die Reaktanztheorie wurde bereits in den 1960er Jahren unter anderem von Jack Brehm geprägt. Ein witziges Beispiel finden wir in dem berühmten Roman von Mark Twain: Tom Sawyer wird eines wunderschönen Sommertages von seiner Tante Polly dazu verdonnert, den Gartenzaun zu tünchen. Als sein Freund Ben vorbeischlendert, bleibt der Spott natürlich nicht aus. Tom jedoch vertieft sich enthusiastisch in seine Arbeit – wer wolle denn schon schwimmen gehen, wenn er die großartige Chance habe, einen Zaun zu streichen? Ben wird neugierig: Ob er vielleicht nicht auch mal ein wenig pinseln dürfe? Tom ist skeptisch: Ob Ben das überhaupt gut genug könne? Tante Polly sei sehr kritisch… Schließlich bietet Ben Tom sogar einen Apfel als Gegenleistung an, und Tom hat seinem Freund eine Option der Freizeitgestaltung schmackhaft gemacht, auf die dieser im Traum nicht verfallen wäre – wäre sie nicht so schwer erreichbar und damit höchst exklusiv gewesen.

Auch in der Kindererziehung haben wir häufig mit Reaktanzverhalten zu kämpfen: Sobald wir versuchen, Lena und dem kleinen Lukas aus der Eingangsgeschichte weiszumachen, dass Gummibärchen nicht gut für ihren Magen sind, kommt es zu einer »Jetzt-will-ich-erst-recht-Gummibärchen-haben-Reaktion« …

Kommen wir vom Kinderzimmer zurück in den Kosmetikkonzern: Der Chef hatte ja aus Sicht seiner Leute ihre Beteiligungs- und Entscheidungsmöglichkeiten eingeschränkt. Das Team versuchte gemäß Reaktanztheorie in einem ersten Schritt, Einflussnahmemöglichkeiten einzufordern und zurückzuerlangen. Wie ist nun der zweite Schritt, der Rückzug der Mitarbeiter, zu erklären? Ihre Tendenz, sich der Vorgesetztenerwartung »Übernehmt endlich Verantwortung!« zu widersetzen?

Eine Erklärung liefert die Theorie der kognitiven Dissonanz nach Leon Festinger: In ihr geht es um »gedanklichen Missklang«. Die Dissonanztheorie besagt, dass miteinander unvereinbare Kognitionen – also Gedanken, Meinungen und Wünsche – einen inneren Konflikt erzeugen. Typische Dissonanzen – also Missklänge – treten auf, wenn neue Gedanken der bisherigen Meinung widersprechen oder neue Informationen eine bereits getroffene Entscheidung als falsch entlarven. Weil wir Menschen uns innere, gedankliche Harmonie wünschen, missachten wir unangenehme Neuigkeiten oder entwickeln neue, angenehme Gedanken.

Ein Beispiel soll dies verdeutlichen: Wenn wir rauchen, dann sind wir uns dessen bewusst. Wir wissen auch, dass Rauchen der Gesundheit schadet und unsere Mitmenschen belästigt. Diese gegensätzlichen Gedanken erzeugen einen Missklang. Welche Möglichkeiten haben wir, inneren Frieden und gedankliche Harmonie zu erzeugen? Wir können das Rauchen natürlich aufgeben, was, wie Sie vielleicht aus eigener Erfahrung wissen, nicht so leicht ist. Welche Möglichkeiten haben wir also noch? Wir können harmonische Gedanken in Bezug auf das Rauchen entwickeln, beispielsweise »Rauchen entspannt« oder »Es gibt Leute, die haben geraucht und sind über 90 Jahre alt geworden«. Diese Argumente wiegen die Missklänge auf. Wir können weiterrauchen und sind mit uns und der Welt im Einklang.

Was haben nun Dissonanz und Reaktanz miteinander zu tun? Ganz einfach: Wenn wir auf der Ebene der Tat nicht weiterkommen, also unser reaktantes Verhalten (zum Beispiel »Chef, gib mir endlich Verantwortung und lass mich mitreden!«) uns nicht weiterhilft, dann können wir eine Attraktivitätsänderung vornehmen: Als gedankliche Strategie, um Dissonanz zu reduzieren (»Ich möchte mitentscheiden – ich darf es aber nicht.«) werten wir die verlorene Freiheit in ihrer Attraktivität ab. Wir sagen uns beispielsweise innerlich: »Eigentlich ist mir das ewige Entscheiden viel zu lästig, es ist besser, mein Chef macht das alles für mich, lieber halte ich mich fein raus!« Damit harmonieren unsere inneren Gedanken und die äußere Situation wieder. Und schon bemängelt der Vorgesetzte die mangelnde Motivation. Und je stärker er zur Beteiligung auffordert und damit die Freiheit einschränkt, desto stärker werden Reaktanz und Rückzug.

Dagegen muss doch ein Kraut gewachsen sein!

## Von-oben-herab beschwört nichts Gutes herauf – welches Kraut dagegen gewachsen ist

Das oben beschriebene Team-Coaching ist nur ein Beispiel für verflixte Mechanismen, die wir in Zusammenhang mit dem »Entscheidungs- und Verantwortungs-Thema« in Organisationen finden. Weitere brisante Problemfelder sind Umstrukturierungen im Betrieb: Wird zum Beispiel ein neues Computersystem eingeführt, werden Arbeitsabläufe verändert oder Verantwortlichkeiten neu zugewiesen, dann kann es sogar zu Reaktanzreaktionen ganzer Belegschaften kommen. Welche dramatischen motivationalen und auch finanziellen Konsequenzen sich daraus für die Mitarbeiter und auch das Unternehmen ergeben, wollen wir an dieser Stelle vorsichtshalber nicht einmal andenken!

Darüber dürfen wir aber das Leid und den Schmerz des Einzelnen nicht vergessen – davon soll ein besonderer Fall aus der Beratungspraxis zeugen: Ein Mann, der nach einem längeren Klinikaufenthalt gerade dabei war, sich von seinen schweren Depressionen zu erholen, hatte eine ungewöhnliche Entscheidung getroffen: Er wurde Taxifahrer, davor war er hoch dotierter Kreativdirektor in einer renommierten Werbeagentur.

Was war sein Problem?

Er beschrieb es so: Bei Entscheidungen durfte er immer nur die Hälfte der Verantwortung tragen, alle redeten ihm rein – die Geschäftspartner, die Kundschaft, andere. Er musste teilweise wider besseres Wissen Entscheidungen treffen. Mit Erfolgen schmückten sich immer die anderen. Bei Misserfolgen hingegen wurde ihm immer die volle Verantwortung übertragen. Sie ahnen es sicher schon: Er wurde krank, weil die halbe Entscheidungsbefugnis nicht im rechten Verhältnis zur vollen Misserfolgsverantwortung stand. Als Selbsttherapie wechselte er den Job: Das Taxi war für ihn ein überschaubarer Rahmen, in dem er eigene Entscheidungen treffen (»An welchen Tagen fahre ich?«,»Welche Fahrten nehme ich an?«, »Welche Route wähle ich?«) und dann die Verantwortung für diese Fahrten übernehmen konnte.

Ein weiterer Vorteil ergab sich für ihn daraus, dass er immer unmittelbar im Anschluss an seine Handlungen das Ergebnis, den konkreten Erfolg seiner Tätigkeit sehen konnte.

## Was Chefs tun können

Und damit kommen wir, liebe Chefs, jetzt zu Ihrem »Zauberkraut«: Sie haben nun ein besseres Verständnis für die Bedürfnisse und Nöte Ihrer Angestellten gewonnen. Ihnen ist bewusst, dass die meisten Ihrer Leute Sie mit ihren Ideen und Vorschlägen nicht einfach nur ärgern wollen, sondern dass sie das zutiefst menschliche Bedürfnis haben, beteiligt zu sein, Einfluss nehmen zu können. Wenn Veränderungen in der Firma anstehen, dann tun Sie gut daran, diese sensibel vorzubereiten: Befragen Sie Ihre Angestellten, nehmen Sie deren Meinungen ernst, binden Sie sie in Entscheidungsprozesse mit ein. Es ist in solchen Situationen unerlässlich, eine geeignete Informationspolitik zu betreiben und gegebenenfalls die Mitarbeiter durch Schulungen auf die neuen Bedingungen vorzubereiten.

Das ist natürlich nicht immer ganz unaufwändig. Aber: Sie ersparen Ihren Angestellten und erst recht sich selbst enorm viel Frust und Ärger. Teilen Sie Ihre Verantwortung! Nur dann können Sie »herrschen«. Und nur dann können sich Ihre Leute mit ihrem Job, den entsprechenden Prozessen und Arbeitsergebnissen identifizieren. Steigert die Motivation und die Produktivität enorm. Das wiederum ist mit der oben besprochenen Dissonanztheorie erklärbar: Wenn Ihr Mitarbeiter weiß »Meine Meinung zählt hier«, »Ich habe Entscheidungsfreiheiten« oder »Ich habe hier Verantwortung mit zu tragen«, dann muss er sich zwangsläufig auch entsprechend verhalten – damit seine Gedanken im harmonischen Gleichgewicht bleiben. Resignation, Faulheit oder

Boykott passen einfach nicht dazu – also wird er sich engagieren, motiviert seine Arbeit erledigen und Einsatz zeigen. Genau das wird dann zu Ihrem eigenen Vorteil: Wenn Sie eine sinnvolle Beteiligung an Entscheidungen zulassen, dann entlastet Sie das selbst. Und am Ende haben beide Seiten gewonnen.

Lena und der kleine Lukas jedenfalls haben inzwischen wunderbar begriffen, weshalb es so wichtig ist, mitzuspielen und Verantwortung zu teilen. Deshalb haben sie extra für Sie dieses kleine Liedchen komponiert (wobei ihre Mutter den beiden bei der Limonade in der Küche gerne ein wenig auf die Sprünge geholfen hat):

Lie - ber Chef, das ist jetzt wich - tig,

prüf', ob dein Ver - hal - ten rich - tig.

Sei schön kri - tisch und be - den - ke:

dei - nen Schäf - chen Frei - heit schen - ke.

*Ja, die Leute lass entscheiden;*
*du wirst seh'n, das könn' sie leiden.*
*Und zum Dank – du sollst's erleben –*
*wird mehr Umsatz es dann geben!*

## Was Mitarbeiter tun können

Nun zu Ihnen, liebe Arbeitnehmer. Zunächst wollen wir Ihnen einen kleinen Trost spenden.

*Erstens:* Sie sind nicht allein! Ihre Klage über »mangelnden Entscheidungs- und Gestaltungsspielraum« ist ein Massenphänomen und zieht sich quer durch alle Schichten und Bereiche: Der Bauarbeiter kommt sich von seinem Vorarbeiter tyrannisiert vor, der Sachbearbeiter von seiner Chefin gegängelt. Chefin müsste man sein, ist man geneigt zu denken, dann könnte man alles entscheiden und wirklich gestalten! Aber wissen Sie was? Der Chefin geht es da nicht viel anders als allen anderen auch. Sie hat ihrerseits einen Vorgesetzten, der gewisse Regeln aufstellt, damit sich der Laden nicht im Chaos auflöst. Auch sie muss mit allen Sachzwängen leben. Auch sie muss irgendwie die Beschlüsse der Geschäftsleitung umsetzen. Chefs, über denen nur noch der blaue Himmel kommt, gibt es im Prinzip nur in inhabergeführten Unternehmen. Nicht zwingend ein Grund zum Neid: An diesem blauen Himmel ziehen auch regelmäßig schwere Unwetter auf – und je näher man an den Blitzen ist, desto zerstörerischer schlagen sie ein.

Dass das Problem wirklich vor nichts und niemandem haltmacht, belegt ein letztes denkwürdiges Beispiel: Im Karriere-Coaching hatten wir unlängst ein Vorstandsmitglied, das überlegte, den Job zu wechseln. Die Dame hatte großen Ärger mit der Personalabteilung, die ihr vorschreiben wollte, mit welchem Verkehrsmittel (Dienstwagen oder Taxi) sie ihre Dienstfahrten zu unternehmen habe. Bei einer 70-Stunden-Woche und einem Jahresgehalt von über 440 000 Euro erschien ihr diese Form der Einmischung und Freiheitsberaubung schlicht nicht angemessen.

*Zweitens:* Eingeschränkter Gestaltungsspielraum ist zwar nicht immer schön. Er hat allerdings auch einen Vorteil: Er ist der Beweis dafür, dass unsere Tätigkeit eine soziale Relevanz hat, weil sie Interessen anderer berührt. Sonst bliebe sie eine Selbstbeschäftigung, die gesellschaftlich unbedeutend ist. Aber dort stoßen wir eben schon an die Grenzen der Freiheit: Wo wir Menschen Interessen anderer berühren, müssen wir uns abstimmen, Kompromisse machen, Regeln beachten. Natürlich hindert Sie niemand daran, zu Hause am Küchentisch für sich selbst eine Kundenbroschüre völlig nach Ihrem Gutdünken zu entwerfen und sie sich dann an die Wand zu hängen. Diese Freiheit haben Sie. Aber eine solche Tätigkeit hat keine gesellschaftliche Relevanz. Freiheit und Relevanz sind Gegenspieler. Wollen wir Menschen eine Bedeutung haben, dann wird unser Gestaltungsspielraum immer eingeschränkt sein müssen.

Wenn wir versuchen, Sie hier ein wenig zu trösten, dann soll das natürlich nicht heißen, dass wir Sie *ver*trösten wollen! Wir plädieren nicht dafür, zu kuschen, immer nachzugeben und sich alles gefallen zu lassen. Im Gegenteil. Wir wollen hier lediglich ein paar Denkanstöße geben. Eben haben wir Ihren Chefs ins Gewissen geredet. Jetzt wollen wir Ihnen noch ein paar Tipps mit auf den Weg geben. Hier ist *Ihr* »Zauberkraut«, liebe Mitarbeiter.

Sie haben jetzt erkannt, dass es manchmal gut ist, sich in die Organisation einzufügen und zu akzeptieren, dass nicht immer alles zu 100 Prozent nach Ihrem persönlichen Willen geschehen kann. Wenn Ihnen bei bestimmten Themen dennoch Zweifel kommen sollten, wenn Sie in gewissen Situationen Schwierigkeiten haben, sich zu be-»herrschen«: Dann versuchen Sie, sich in die Lage Ihres Vorgesetzten hineinzuversetzen. Und zu erahnen, unter welchem Druck er vielleicht gerade steht und wer möglicherweise gerade noch so alles auf ihn einredet. Und was passieren würde, wenn jeder seinen Willen bekäme. Das ist natürlich nicht immer ganz leicht und erfordert ganz schön viel

## Zweites Gebot
### Du sollst teilen und herrschen

**Für Brötchen-Geber:**

Du sollst deine Mitarbeiter in Entscheidungen einbinden, damit sie sich mit dem Ergebnis identifizieren können. Du sollst kein Kümmelspalter sein und nicht immer alles aus Prinzip besser wissen und anders machen wollen.

**Für Brötchen-Nehmer:**

Du sollst dich in die Organisation einfügen und akzeptieren, dass nicht immer alles nach deinem Willen geschehen kann und dass dein Gestaltungsspielraum eingeschränkt ist. Manchmal muss Bello eben an die Leine.

Selbstdisziplin. Wie gesagt: Sie sollen nicht einfach die Klappe und sich aus allem raushalten – um schließlich frustriert Dienst nach Vorschrift zu schieben. Wir wollen Sie lediglich für die Situation Ihres Vorgesetzten sensibilisieren. Das ist nur zu Ihrem Vorteil. Überlegen Sie dann gründlich und wägen Sie ab, wo es sich *wirklich lohnt*, mitzureden und wo Sie gegebenenfalls am ehesten auf eine Teilhabe verzichten könnten. Beobachten Sie Ihr Jobumfeld gründlich. Wo sind Beteiligungs- und Entscheidungsspielräume? Sprechen Sie Ihre Vorgesetzten höflich an und senden Sie eine Ich-Botschaft, zum Beispiel so:

1. »Wenn ich im Meeting mitbekomme, dass es um Thema XY geht, und ich nicht die Möglichkeit habe, meinen Standpunkt zu äußern (Beobachtung),
2. dann bin ich frustriert (Gefühl),
3. denn ich möchte gerne mitdiskutieren, da mich die Maßnahmen ABC an meinem Arbeitsplatz betreffen (Bedürfnis), und
4. ich bitte Sie, mir die Möglichkeit zu geben, meine Sichtweise zu schildern und mich an der Entscheidung zu beteiligen (Wunsch).«

Der Vorteil dieser Ich-Botschaft ist, dass Sie sich nicht angreifbar machen: Wenn Sie dem Boss hingegen mit einer Du-Botschaft signalisieren »Du bist ein hundsgemeiner Freiheitsbegrenzer«, dann nimmt er das als Vorwurf wahr, wird eventuell böse und reagiert gegebenenfalls mit einem Gegenvorwurf. (Und gegebenenfalls mit weiteren Maßnahmen.) Die Aussage »Ich bin frustriert« oder »Ich bin enttäuscht, dass…« kann Ihnen niemand nehmen.

Eine letzte Möglichkeit aus dem Dilemma wollen wir Ihnen noch aufzeigen. Wenn Ihnen etwas wirklich wahnsinnig wichtig ist, Ihr Chef Ihnen aber nicht den Hauch von Mitbeteiligung geben will und Sie – wie der kleine Lukas – kurz davor sind, den Turm aus Frust zum Einsturz zu bringen – dann machen Sie es am besten wie Tom Sawyer mit seinem Freund Ben. Arbeiten Sie mit einer sogenannten paradoxen Intervention, wie sie unter anderem Viktor Frankl beschreibt: Signalisieren Sie Ihrem Chef – natürlich ganz unauffällig und so, dass Sie keinen Ärger bekommen – zum Beispiel: »Sooo bedeutsam ist mir XY jetzt auch wieder nicht« oder »Bitte belasten Sie mich jetzt nicht noch zusätzlich mit XY«. Ihr Chef wird sich dadurch gewaltig in seiner Freiheit und seinem Handlungsspielraum eingeschränkt sehen und Ihnen vor lauter Reaktanz plötzlich unbedingt noch die Verantwortung für XY aufs Auge drücken wollen. Auch damit gewinnen beide Seiten!

# Drittes Gebot
## Du sollst kein Orakel sein

Dienstag, 17. März, Büro Herr von Bödefeld:
Eine E-Mail trifft ein.

| E-Mail | ⊠ |
|---|---|

| An: | Bödefeld, Klaus von |
|---|---|
| Betreff: | PK Geschäftsentwicklung |
| Von: | Chef |
| Priorität: | !!! |

Hallo Herr von Bödefeld,

nächste Woche Freitag ist ja unsere Pressekonferenz zum Firmenjubiläum. Machen Sie mir bitte ein Redemanuskript über die Geschäftsentwicklung in diesem Jahr fertig? Zahlen bekommen Sie von Frau Tiffany.

Besten Dank und Gruß

Ihr Chef

Am selben Tag, Büro Frau Tiffany:

*von Bödefeld:* Weißt du, welche Zahlen er meint?
*Tiffany:* Hm... Umsatz hat sich gut entwickelt, Gewinn weniger.
Brauchst du auch die Spartenumsätze?

*von Bödefeld:* Keine Ahnung. Er hat nur gesagt, dass ich mir von dir die Zahlen abholen soll.

*Tiffany:* Okay, ich such dir was raus. Muss mal schauen, was wir haben. Ich mail's dir dann rüber. Reicht morgen Abend?

*von Bödefeld:* Denke schon. Danke schon mal!

Mittwoch, 18. März, kurz vor 18:00 Uhr:

---

**▬ E-Mail** ▨

| An: | Bödefeld, Klaus von |
| Betreff: | Zahlen … |
| Von: | Tiffany, Lieselotte |
| Priorität: | |

Hallo Klaus,

sorry, war viel zu tun heute. Also mehr hab ich auf die Schnelle nicht zusammenstellen können. Wir haben natürlich noch jede Menge Details hier, aber ich weiß nicht, ob das für dich interessant ist. Hoffe, das hier hilft erst mal … ☺

Lieber Gruß

Lilo

---

Freitag, 20. März, abends, Büro Herr von Bödefeld:

*Anruf Chef:* Grüß Sie, Herr von Bödefeld. Denken Sie noch an meine Rede? Wollte eigentlich am Wochenende schon mal in Ihren Entwurf schauen…

*von Bödefeld:* Oh, sorry, Chef, bin noch dran. Wusste nicht, dass Sie das mit ins Wochenende nehmen wollten.

*Chef (seufzt):* Wann hatten *Sie* denn gedacht? Zu Weihnachten?
Am Montagmorgen brauche ich es aber spätestens ...

Montag, 24. März:

```
┌─────────────────────────────────────────────────────────┐
│ ■ ══E-Mail═══════════════════════════════════════    ⊠  │
├─────────────────────────────────────────────────────────┤
│       An:  │ Chef                                      │  │
│   Betreff:  │ Re: PK Geschäftsentwicklung              │  │
│       Von:  │ Bödefeld, Klaus von                      │  │
│  Priorität:  │ !!!                                     │  │
│                                                          │
│  Hallo Chef,                                             │
│                                                          │
│  hier mein Entwurf. Hoffe, er ist in Ihrem Sinne.        │
│                                                          │
│  Beste Grüße                                             │
│                                                          │
│  Klaus von Bödefeld                                      │
└─────────────────────────────────────────────────────────┘
```

Dienstag, 25. März:
Keine Ereignisse in dieser Angelegenheit

Mittwoch, 26. März:
Keine Ereignisse in dieser Angelegenheit

Donnerstag, 27. März, gegen 19:00 Uhr, Büro Chef:

*Chef:* Ihr Entwurf ist völlig unbrauchbar. Der Schwerpunkt meiner Rede sollte auf unseren Auslandsumsätzen liegen. Die er-
wähnen Sie mit keinem Satz!
*von Bödefeld:* Dazu habe ich keine Zahlen bekommen. Ich wusste
nicht, dass Sie sich auf den Punkt konzentrieren wollten ...

*Chef:* Na, auf was denn sonst? Darüber reden wir doch die letzten Wochen nur noch in den Vorstandstelefonaten. Ist doch klar, dass wir dazu jetzt was sagen müssen. Ich brauche das bis morgen um zehn.

Freitag, 28. März, 2:05 Uhr:

| ■ **E-Mail** | 🗙 |
|---|---|

| | |
|---|---|
| **An:** | Chef |
| **Betreff:** | Re: PK Geschäftsentwicklung |
| **Von:** | Bödefeld, Klaus von |
| **Priorität:** | !!! |

Hallo Chef,

habe Frau Tiffany auf dem Handy angerufen; sie hat mir noch die Entwicklungen bei den Auslandsumsätzen durchgegeben. Anbei die neue Version.

Alles Gute für die PK

Klaus von Bödefeld

Freitag, 28. März, 10:10 Uhr, Büro Chef:

*Chef (laut):* Wie soll ich denn bitte diese ellenlange Rede in zehn Minuten halten?
*von Bödefeld:* Ich habe noch den Teil zu den Auslandsumsätzen ergänzt, wie Sie es wollten ...
*Chef:* Ja, aber doch nicht *so!* Da müssen Sie woanders was einkürzen. In 50 Minuten muss ich da raus, da will ich ein brauchbares Manuskript haben!

10:48 Uhr:

| E-Mail | ⊠ |
|---|---|

| An: | Chef |
|---|---|
| Betreff: | Re: PK Geschäftsentwicklung |
| Von: | Bödefeld, Klaus von |
| Priorität: | !!! |

Hallo Chef,

hier das gekürzte Manuskript.
Es hat nun 12 Seiten, damit füllen Sie genau
10 Minuten.

Jetzt aber wirklich alles Gute für die PK.

Grüße und bis später

Klaus von Bödefeld

11:32 Uhr:

*Chef (nach 30 Minuten Ansprache):* ... und natürlich gehört zu
einem solchen Jubiläum immer auch ein Blick auf die Ge-
schäftszahlen. Einer meiner Mitarbeiter hat mir dazu wunderbar etwas zusammengeschrieben, aber wissen Sie was? Ich
habe gerade beschlossen, dass ich das gar nicht brauche! Ich
erzähle Ihnen einfach mal frei von der Leber, wie sich unser
Baby hier so entwickelt hat. Als wir vor 15 Jahren hier anfin-
gen, da kannten wir das Ausland nur aus den Fernsehnach-
richten. Ich habe damals gesagt...

## Stille Post, lauter Knall

Solche Dramen – oder Komödien, ganz wie Sie wollen – spielen sich täglich massenhaft in Betrieben ab. Wir Menschen reden pausenlos aneinander vorbei – nicht nur, aber auch und vor allem im Arbeitsleben. Wir wissen oder spüren zumindest, dass wir aneinander vorbeireden. Und machen trotzdem einfach weiter. Warum passiert es besonders häufig zwischen Chef und Mitarbeiter?

Weil Chef und Mitarbeiter in vielerlei Hinsicht auf unterschiedlichen Ebenen stehen – auf unterschiedlichen Hierarchieebenen, auf unterschiedlichen Informationsebenen und auf unterschiedlichen Kommunikationsebenen. Dem Chef in unserem Beispiel war wegen seiner vielen Vorstandstelefonate in den letzten Wochen – in denen es offenbar stark um das Auslandsgeschäft ging – klar, dass das auch das Thema seiner Rede sein musste. Diese Perspektive übertrug er auf den armen Herrn von Bödefeld, der an den Telefonaten natürlich gar nicht teilgenommen hatte – ein Verhalten, das wir bereits im letzten Kapitel als Egozentrismus kennen gelernt haben: Wir betrachten uns selbst als Zentrum allen Geschehens und bewerten alle Ereignisse von unserem eigenen Standpunkt aus.

Der Chef denkt:»Solange mein Mitarbeiter nicht nachfragt, hat er alle Informationen, die er braucht.« Der Chef meint also gar nichts Böses. Er denkt, es sei alles in Ordnung. In Ordnung ist aber deshalb nichts, weil Herr von Bödefeld ebenfalls egozentrisch handelt: Er ging davon aus, dass sein Informationsstand der allgemein gültige war. Und schloss aus, dass er sich vielleicht weiter hätte erkundigen müssen.

Der Mitarbeiter denkt:»Informationen, die mir mein Chef nicht gibt, brauche ich auch nicht, um seinen Auftrag auszuführen.«

Dies sind die beiden verheerenden Glaubenssätze, die jeden Tag aufs Neue dazu führen, dass alle Arbeitenden munter stille Post vor sich hin spielen – per E-Mail, am Telefon, in Sitzungen. Immer stiller wird es, während sich der laute Knall für das Ende zusammen braut, der große Frustknall.

Und es ist immer das gleiche Spiel: Am Anfang ist sehr viel Zeit. Plötzlich fällt Ihrem Chef ein, dass bald dies und das ist, zum Beispiel das 15-jährige Firmenjubiläum. Ein Ereignis, das seit 15 Jahren auf den Tag vorhersehbar war, aber plötzlich kommt es eben von heute auf morgen. Ähnlich verhält es sich mit dem Geschäftsbericht, mit der Vorstandssitzung, mit der Außendienstkonferenz, mit der Weihnachtsfeier. Jahr für Jahr. Und dem Chef fällt ein, dass er für dies und das schnell dies und jenes braucht. Hastig erteilt er eine unklare Anweisung. Sie fragen nicht nach. Unsicher machen Sie sich ans Werk, weitere wertvolle Zeit geht ins Land. Viel zu spät werden Sie mit der Arbeit fertig – um zu erfahren, dass der Chef etwas ganz anderes wollte. Alles muss dann hektisch umgebastelt werden, Überstunden und schlechte Stimmung garantiert. Selbst in diesem Stadium ist oft noch nicht allen Beteiligten klar, worum es eigentlich genau geht und was sie tun sollen. Sie fragen immer noch nicht nach. Die Krönung besteht dann manchmal noch darin, dass dem Chef – wie in unserem Beispiel – am Ende einfällt, dass der gesamte Arbeitsauftrag ohnehin überflüssig war.

Besonders eindrucksvoll ist, dass bereits Stellenanzeigen so unklar formuliert sind, dass Bewerber nicht wissen können, worauf sie sich überhaupt bewerben: Bei einer Umfrage des Portals stellenanzeigen.de gab mehr als ein Drittel der Befragten an, nicht zu verstehen, worin die Aufgabe auf der ausgeschriebenen Stelle bestehen würde. So früh beginnt bereits das Aneinander-Vorbeireden.

## Welcher Team-Typ sind Sie?

Das ist mehr als nur ein Ärgernis; der Schaden ist riesengroß: Eine der »fünf Krankheiten« eines unproduktiven Teams, die Patrick Lencioni in seinem grundlegenden Werk *Mein Traum-Team* beschreibt, heißt Unverbindlichkeit. Unverbindlichkeit bedeutet: Niemand macht mehr feste Zusagen, niemand engagiert sich mehr für eine Sache. Denn niemand hat mehr den Überblick, und niemand will im Dunkeln stolpern.

»Taktische Zurückhaltung« nennen wir in der Psychologie ein solches Verhalten. Die amerikanischen Wissenschaftler Robert Kurzban und Daniel Houser haben in Experimenten festgestellt, dass Menschen sich hinsichtlich ihres Kooperationsverhaltens in Arbeitsgruppen in drei Typen einteilen lassen:

■ Den kleinsten Anteil (17 Prozent) machen die Kooperierenden aus; sie engagieren sich, um ein gemeinsames Ziel zu erreichen.

■ Jeder Fünfte ist ein Trittbrettfahrer, der möglichst nichts tut und auch nichts tun will.

■ Die überwiegende Mehrheit von fast zwei Dritteln aber gehört zu den taktisch Zurückhaltenden. Sie sind grundsätzlich bereit, sich zu engagieren, halten sich aber erst einmal zurück, bis klarer wird, was eigentlich von ihnen erwartet wird und ob und wie ihnen ein Engagement nutzt.

Die Folge: Weil niemand mehr feste Zusagen macht, übernimmt auch niemand mehr eine klare Verantwortung für etwas. Und weil niemand mehr für etwas verantwortlich ist, kann sich am Ende auch niemand mehr mit dem Arbeitsergebnis, sei es gut oder schlecht, identifizieren. Und die Motivation sinkt weiter. So lähmt Unklarheit ganze Unternehmen.

Auch die Gerechtigkeitsforschung hat herausgefunden, dass Klarheit ein unverzichtbarer Baustein für eine gerechte Arbeitsatmosphäre ist. Die Management-Professoren W. Chan Kim und Renée Mauborgne haben dabei drei wesentliche Faktoren für Gerechtigkeit herausgearbeitet, die sie »die drei E« nennen: »Engagement«, »Explanation« und »Expectation Clarity«.

Über »Engagement« haben wir bereits im zweiten Kapitel gesprochen; das Wort bezeichnet einen Zustand, bei dem Mitarbeiter in Entscheidungsprozesse möglichst weit eingebunden sind. Mit »Explanation«, also nachvollziehbaren Entscheidungen, werden wir uns im nächsten Kapitel beschäftigen. Die »Expectation Clarity« steht noch vor alledem – sie besagt, dass die Spielregeln von Anfang an klar sein müssen.

Der Mitarbeiter muss wissen, für welches Verhalten er welche Reaktion erwarten darf. Weiß er das nicht, wird er die spätere Reaktion seines Chefs als willkürlich empfinden. Und Willkür lässt keinen Platz für Gerechtigkeit und ihre motivierenden Folgen. Der Mitarbeiter fühlt sich hilflos und unsicher. Und verliert seine Motivation.

## Was ein Orakel und der Chef gemeinsam haben – und was nicht

Was das bedeutet, liebe Chefs, ist Ihnen völlig klar. Und trotzdem machen es so viele von Ihnen jeden Tag anders.

Faire – und damit auch produktive – Arbeitsbedingungen erfordern drei Schritte:

## Was Chefs tun können

1. Überlegen Sie sich zuerst, was Sie eigentlich genau von Ihrem Mitarbeiter brauchen und wofür. Wenn Sie dazu noch Informationen benötigen, dann machen Sie klar, dass es erst einmal nur darum geht: Informationen zu beschaffen. Das ist oft lästiger und kostet mehr Zeit, als eine Anweisung ins Blaue hinein zu geben – und das Flugzeug dann im Fliegen zu bauen. Insgesamt aber erspart es uns allen, also auch Ihnen, viel Zeit, Ärger und Frust.

2. Sagen Sie dem Mitarbeiter, bis wann, in welchem Umfang und auf welche Art und Weise Sie die Arbeit gern erledigt hätten. Verwechseln Sie Ihren Mitarbeiter nicht mit dem Kandidaten bei der Millionenfrage einer Quizshow, der erst mühsam herausfinden soll, welche von vier Möglichkeiten gemeint sind. Wenn Sie ihm einen eigenen Entscheidungsspielraum einräumen wollen, dann ist das prima und wird seine Motivation erhöhen – aber nicht in Punkten, in denen Sie in Wahrheit die Entscheidung schon selbst getroffen haben: Wenn Sie schon wissen, dass Sie die Kundenbroschüre in schwarz-weiß haben wollen, dann gaukeln Sie ihrem Mitarbeiter nicht vor, er hätte einen Entscheidungsspielraum und sollte erst einmal wertvolle Zeit damit verbringen, mit Farbentwürfen zu experimentieren. Um ihn dann dadurch zu enttäuschen, dass Sie sein mühsam erarbeitetes Farbkonzept mit knappen Worten vom Tisch fegen.

3. Lassen Sie Ihren Mitarbeiter den Arbeitsauftrag in seinen eigenen Worten kurz wiederholen. Das behebt Missverständnisse, solange sie noch zu beheben sind. Ermutigen Sie ihn zu fragen, auch wenn Sie das kurzfristig Zeit kostet. Langfristig wird es Zeit und Nerven schonen.

Was machen wir nun, damit diese Regeln im Alltagstrubel nicht sofort wieder in Vergessenheit geraten? Das Problem ist ja nicht, dass sie so schwer zu verstehen wären. Sondern dass wir sie so leicht wieder aus den Augen verlieren.

Ganz einfach: Bringen Sie kleine Erinnerungen im Büro an! Die Regeln selbst aufzuhängen wäre natürlich viel zu plump. Bringen Sie stattdessen etwas griechische Mythologie in Ihre Büros, liebe Chefs! Das macht einen gebildeten Eindruck und erinnert dezent an unsere drei Regeln. Das Orakel von Delphi war eine wichtige Weissagungsstätte im antiken Griechenland und galt damals sogar lange Zeit als das Zentrum der Welt.

Bis dahin wird sich jeder Chef noch ganz gut mit dem Orakel identifizieren können. Was allerdings seine Informationspolitik

## Das Orakel von Delphi

Das Orakel von Delphi sprach nur zu besonderen Anlässen. Anfangs äußerte es sich einmal im Jahr am Geburtstag des Apollon, später einmal im Monat, an dessen siebtem Tag.

Manchmal schwieg es selbst an diesem Tag, dann mussten die Ratsuchenden einen weiteren Monat warten und bis dahin im Ungewissen leben.

Im Winter sagte das Orakel grundsätzlich nichts.

Wenn das Orakel sprach, dann niemals klar, sondern immer in Rätseln.

Den ärmeren, unwichtigen Fragestellern gestattete es überhaupt nur Fragen, die sich mit »Ja« oder »Nein« beantworten ließen. Das Orakel nahm dann eine Bohne aus einer Schale: War die Bohne weiß, bedeutete das »Ja«. War sie schwarz, »Nein«.

anging, bot das Orakel all das, was Chefs in modernen Betrieben tunlichst vermeiden sollen. Kopieren Sie die Orakeltafel von Seite 67 (oder laden Sie sie auf www.wenn-der-chef-nervt.de herunter) und schreiben Sie mit der Hand oder im Geiste darüber: Kein Vorbild für den Chef!

## Wenn Sie in der Quizshow sitzen, benutzen Sie den Joker

Natürlich haben die Chefs hierzu auch eine Sichtweise, und wir wollen sie in einem offenen Brief an die Mitarbeiter zu Wort kommen lassen.

*Liebe orakelgeplagte Mitarbeiter,*

*vielen Dank für diese dezente Erinnerung. Das mit dem Orakel hat uns schon zu denken gegeben. Sicher hilft es manchmal, einfach ein paar Worte mehr zu verlieren. So ganz möchten wir die Sache aber auch wieder nicht auf uns sitzen lassen.*

*Sie denken wohl, wir machen uns einen Spaß daraus, wenn wir manchmal etwas vage Anweisungen geben, wenn sich vielleicht erst im Lauf der Zeit herausstellt, welcher Weg am besten ist. Sie denken, wir lassen Sie mit Absicht Blinde Kuh spielen und amüsieren uns von den Zuschauerbänken aus. Dem liegt eine recht romantische Vorstellung zugrunde: Dass wir Chefs gleich am Anfang alles voraussehen könnten, dass wir von vornherein wüssten, was am besten funktioniert, dass wir überhaupt allwissend und allmächtig wären.*

*Das wären wir natürlich gerne!*

*Aber die Wahrheit ist leider (verraten Sie das bitte nicht weiter): Wir sind auch nur Menschen. Wir können genau so wenig in die Zukunft sehen wie Sie. Auch wir bekommen manchmal erst nach und nach die Informationen, die wir brauchen, um eine endgültige Entscheidung zu treffen. Auch wir müssen manchmal erst Dinge ausprobieren, um zu sehen, ob sie funktionieren. Auch wir werden manchmal davon überrascht, wie sich die Dinge entwickeln.*

*Und beklagen Sie nicht dauernd, dass wir Ihnen zu wenig eigenen Entscheidungsspielraum lassen? Dass Sie zu wenig selbst gestalten können? Aber wenn wir Ihnen nicht alles bis ins kleinste Detail vorgeben, sind Sie auch wieder verunsichert. Und unzufrieden*

*Und wenn etwas unklar ist: Warum fragen Sie nicht? Warum werkeln Sie vor sich hin, wenn Ihnen nicht klar ist, was Sie machen sollen? Auch unter den Mitarbeitern gibt es so manches Orakel, aus dem wir Chefs nicht schlau werden.*

*Ihre Chefs*

## Was Mitarbeiter tun können

Denken Sie, liebe Mitarbeiter, also daran, dass auch bei der Arbeit das Leben im Fluss ist, dass manche Dinge notgedrungen vage starten und erst langsam klare Züge annehmen. Auch Ihr Chef kann Ihnen nicht immer gleich am Anfang den Bauplan des Lebens und der Zukunft geben. Ein Reiz kann für Sie auch gerade darin bestehen, diesen Prozess mitzugestalten. Wenn alles vorhersehbar wäre im Leben – wie langweilig wäre das?

Und wenn Sie sich tatsächlich wieder einmal vorkommen wie der Quizshow-Rategast bei der Millionenfrage: Dann raten Sie eben nicht einfach und lassen das Schicksal wartend auf Sie zukommen, bis sich nach der Werbepause die Antwort aufklärt. Rufen Sie Ihren Chef als Telefonjoker an und fragen Sie ihn!

Sonst arbeiten am Ende zwei Orakel zusammen und verpassen gegenseitig ihre spärlich bemessenen Sprechzeiten.

## Drittes Gebot
## Du sollst kein Orakel sein

### Für Brötchen-Geber:

Du sollst klare Arbeitsanweisungen geben und Zuständigkeiten regeln, damit deine Mitarbeiter wissen, woran sie gemessen werden. Sie sollen sich nicht fühlen wie die Rategäste bei der Millionenfrage einer Quizshow, die erst mühsam herausfinden müssen, welche von vier Möglichkeiten du meinst.

### Für Brötchen-Nehmer:

Du sollst dich nicht innerlich zurückziehen (Was geht's mich an?), sondern kommunizieren und den Chef auf dem Laufenden halten. In der Ruhe liegt zwar die Kraft – manchmal musst aber auch du dich regen.

# Viertes Gebot
## Du sollst keine Lottozahl sein

Heute ist er, der große Tag! Wochenlang schon konnten Sie nicht mehr so richtig schlafen. Monatelang haben Sie diesem Moment entgegengefiebert. Jahrelang haben Sie auf dieses Ereignis hingearbeitet. Und jetzt – endlich – ist es so weit: Frisch geföhnt und fröhlich gestimmt begeben Sie sich auf den Weg in die Firma. In Gedanken machen Sie wahre Freudensprünge und jauchzen vergnügt in sich hinein. Heute werden Sie befördert!

Zugegeben: Es war alles nicht so einfach und stand lange Zeit auf der Kippe. Denn: Die Konkurrenz schläft nicht und auch Bosse sagen viel, wenn der Tag lang ist. Und eigentlich hätte das entscheidende Gespräch mit Ihrem lieben Vorgesetzten Schnappi auch schon vor acht Wochen stattfinden sollen. Leider ließ der sich kurzfristig entschuldigen: Ein paar Kleinigkeiten in Ihrer Bewertung sollten vorsichtshalber noch einmal geprüft werden. »Aufgeschoben ist nicht aufgehoben«, war Ihr Trost, den Sie sich selbst spendeten, und »Vorfreude ist die schönste Freude«. Da ist was dran.

Heute allerdings kann gar nichts mehr schiefgehen, denn noch gestern sprachen Sie mit Frau Ohnsorg-Bergenschrei, Schnappis Sekretärin, die den heutigen Termin bestätigte. Beschwingt stoßen Sie die Tür zum Bürotrakt auf, wagen ein kleines Tänzchen um den Tresen im Foyer und plumpsen heiter in Ihren Lehnsessel, den Sie ab morgen gegen die Luxusausführung in Raffleder eintauschen werden. »Noch ein paar Minuten ruhig atmen, um wieder runterzukommen«, ermahnen Sie sich zu professioneller Gelassenheit – und fallen in einen wohligen Tagtraum, in dem Sie den König spielen, der seine Untertanen mit gnädiger, aber durchaus bestimmter Hand regiert …

Das Schrillen des Telefons holt Sie in die Realität zurück, die bis heute noch von abgewetztem Alcantara dominiert wurde. »Das wird seine Sekretärin sein, die mich herüberbittet«, triumphieren Sie innerlich und führen majestätisch die Muschel zum Ohr – das bald glatt um die Hälfte an Mehrgehalt aufgewertet wird. »Ohnsorg-Bergenschrei hier«, röhrt es durch das Telefon, »der Chef hat sich gerade gemeldet. Es tut ihm furchtbar leid, dass er heute absagen muss. Aber er lässt Ihnen ausrichten, dass die Beförderungskriterien nochmals überdacht wurden. Eventuell sprechen Sie dann in sechs Monaten wieder über die berufliche Weiterentwicklung – das jetzt glatt um die Hälfte an Mehrgehalt aufgewertet ist.«

***Frage:*** Wie fühlen Sie sich in dem Moment?

**1.** Ganz gut. Wieso?
**2.** Enttäuscht und veräppelt.
**3.** Oh – ertappt.

Antwort 2 zeugt von einem intakten Seelenleben – Glückwunsch! Denn was Schnappi eben in der für Sie sehr bedeutsamen Situation mit Ihnen gemacht hat, ist alles andere als nachvollziehbar und fair. Klar, dass Sie enttäuscht sind und eventuell auf den Gedanken kommen, dass er Sie nicht ganz ernst nimmt. Ihr Chef hat sich nämlich wie eine Lottozahl verhalten. Was haben nun die gute Lottozahl und der Chef gemeinsam?

## Wenn der Chef Ihnen die Kugel gibt

Wir alle haben es schon einmal getan, zumindest in Gedanken: Lotto gespielt. Um durch unseren Millionengewinn endlich unseren ungeliebten Job an den Nagel hängen und als Privatier in Saus und Braus unser Leben genießen zu können. Ohne die mürrischen Kolleginnen, die grässlichen Kunden und den verkorksten König Boss, der seinen Untertanen das Dasein zur Hölle macht!

Die Chance für sechs Richtige im deutschen Zahlenlotto liegt allerdings nur bei 1 zu 14 Millionen. Und damit ist die Wahrscheinlichkeit, auf diese Weise der Arbeitswelt für immer den Rücken kehren zu können, wohl eher gering. Nicht umsonst bedeutet Lotto übersetzt so viel wie »Glücksspiel« oder auch »Schicksal«. Ein schweres Schicksal …

Und wenn wir dieses unser ach so schweres Schicksal erklären und verstehen wollen und gar nichts mehr hilft – dann wenden sich viele von uns an Gott. Schon in Johann Heinrich Zedlers *Grossem vollständigen Universal-Lexicon aller Wissenschafften und Künste* aus dem 18. Jahrhundert wird erörtert, wie Gottes Vorsehung die Austeilung des Lotterien-Glücks zu beeinflussen vermag; nämlich insoweit, als »dass der Schöpfer wie im wirklichen Leben, indem er dem einen ein gutes, dem anderen ein mittelmäßiges, dem dritten aber ein schlechtes Los zuweist, auch bei der Lotterie die Hand im Spiel hat«.

Nun können wir an die Existenz Gottes glauben oder auch nicht, an seinen Einfluss auf unser Schicksal, die Willkür, mit der wir ihm ausgeliefert sind – das bleibt jedem und jeder von uns selbst überlassen. Was man als Mitarbeiter hingegen keinesfalls akzeptieren kann, ist, der Willkür des Vorgesetzten ausgeliefert zu sein, der gottesgleich über das Schicksal waltet und unberechenbar ist wie eine Lottozahl: Mit 48 anderen Zahlen schwirrt sie durch die Mischtrommel, hin und her, kaum zu erkennen, ständig unserem Blick entschwindend; langsam hält dann die Trommel an, fährt noch einmal vor und zurück – und geheimnisvoll rollt sie, die unberechenbare Lottozahl, nach draußen, fällt in ein durchsichtiges Rohr und tritt uns endlich zu Gesicht, um uns immer wieder aufs Neue zu überraschen. Es ist schon schwer genug, dieses Spektakel mit dem Lottoschein in der Hand vor dem Fernseher zu verfolgen – jeden Tag aber den eigenen Chef als wandelnde Lottozahl auszuhalten: Das steht keiner durch.

Genau das allerdings kommt leider häufiger vor. Beliebte Beispiele aus dem Firmeninnenleben sind: Aufträge ins Blaue hinein vergeben und sich nachher nicht mehr erinnern, was abgesprochen war; Stimmungsschwankungen zwischen Jovialität und Tobsuchtsanfall; Prioritätenverschiebung von Hü nach Hott ohne erkennbaren Anlass – um nur einige zu nennen.

Wir werden weiter unten sehen, was derartiges Chefgebaren bei Angestellten auslöst und welche hochdramatischen, auch persönlichen Folgen sich häufig daraus ergeben. Zuvor erörtern wir noch den Fall, dass Sie oben auf unsere Frage zu Ihren Gefühlen *nicht* mit 3 geantwortet haben und sich *nicht* ertappt fühlen.

## Lassen Sie Ihren Chef für sich arbeiten?

Wie wir in Kapitel 7 noch sehen werden, ist eine offene und ehrliche Kommunikation das A und O für ein gesundes und befriedigendes Miteinander am Arbeitsplatz. Deshalb haben wir Schnappi ein Fax geschickt und ihn ganz offen gefragt, was er sich bei seiner Argumentation in der Beförderungssituation gedacht hat. Zurück kam folgende Antwort:

+++ FAX +++49(0)321 654987+++          Status: GESENDET +++

Hallo, Sie zwei Arbeitswelt-Apostel!

Das ist ja ein Ding, dass Sie mich anschreiben, ich habe schon viel von Ihnen gehört. Aber so ein schlimmer Chef bin ich doch nun auch wieder nicht! Ich gebe zu, ich habe in letzter Zeit viel über mich nachgedacht. Und dass ich damals die Neunerpackung Toilettenpapier meines lieben Mitarbeiters Schulte mitgehen ließ, ist mir jetzt im Nachhinein auch irgendwie peinlich. Soll nicht wieder vorkommen. Na ja, und was ich da über meine Sekretärin Ohnsorg-Bergenschrei ausrichten ließ – von wegen Beförderungskriterien überdenken und so – war wohl auch nicht ganz okay.
Klar, ich kann schon verstehen, dass meine Mitarbeiter dann irgendwie irritiert sind. Immerhin geht es ja um ein wichtiges Gespräch und nicht um Pille-Palle! Ich war halt überlastet und wusste nicht mehr, was ich denken sollte. Das soll jetzt keine billige Ausrede sein, aber ich bin auch nur ein Mensch mit begrenzten Kräften. Ich hoffe, Sie schreiben dazu auch noch mal was! Also gut: Ich entschuldige mich – ehrlich!
Aber wenn Sie's ganz genau wissen wollen, dann habe ich mir diese Strategie nur bei meinen eigenen Mitarbeitern abgeguckt. Anbei sende ich Ihnen ein paar Materialien – Sie werden sehen, dass meine lieben Angestellten auch keine Unschuldslämmer sind.

Mit freundlichem Gruß, auch im Namen meiner reizenden Gattin,

Schnappi

+++ FAX +++49(0)321 654987+++          Status: EMPFANGEN +++

Der scheint echt ein harter Brocken zu sein! Und um ihn nicht ganz ungeschoren davonkommen zu lassen, haben wir ihm als Dankeschön für seine Antwort einen Coaching-Gutschein geschickt. Dann haben wir seine Unterlagen ausgewertet und sind zu erstaunlichen Ergebnissen gekommen. Besonders interessant war eine E-Mail, die ein Mitarbeiter der Schnappi GmbH offenbar im Abteilungsdrucker liegen gelassen hatte:

---

**E-Mail**                                                    ⊠

| | |
|---|---|
| An: | harry@doppelkopfklub.de |
| Betreff: | Geheimtipp |
| Von: | guenther.gier@schnappi-gmbh.de |
| Priorität: | |

Alter,

du weißt, ich musste doch letztens unsere Doppelkopfrunde absagen, weil hier gerade der Laden am Brennen ist. Überstunden und so, das ganze Gedöns. Und jetzt sollte ich noch so nen Hammerauftrag abwickeln. Da hätte ich dann echt nicht mit auf Kegeltour gekonnt. Der Chef hat wohl ne Meise, mich so mit Arbeit zuzuschütten.
Aber dann is was passiert – jetzt habe ich ne gute Lösung gefunden. Weil ich die letzten Wochen voll überlastet war, habe ich schon mal ein paar kleine Fehler gemacht. Sendungen kamen zurück, Firmen haben sich über falsche Informationen beschwert. Kleinigkeiten halt. Jetzt kommts aber: Der Chef hat die Panik gekriegt, weil die Kunden mit Schadensersatz drohen. Das Beste ist: Er macht jetzt die Sachen alle selbst und nimmt mir damit die Arbeit ab. Ich komme doch mit auf Tour. Gib mir 5! Probier das doch mal aus, vielleicht klappt das auch bei deinem Boss: Wenn der das nächste Mal was will, dann stellste dich einfach ein bisschen blöd, vergisst mal was, gibst unklare Antworten, machst was falsch …
Hey, jetzt lassen wir DIE für UNS arbeiten!

Gruß, Günni

PS: Seit 3 Tagen kriegt der Webmaster den Zugang irgendwie nicht mehr hin. Angeblich technische Störung oder so. Ich fax dir das mal eben rüber. Vielleicht will der ja auch die Arbeit loswerden, haha ;-)

Natürlich handelt es sich bei unserem Kandidaten Günni um ein besonders krasses und dreistes Exemplar, das in dieser Ausprägung hoffentlich nicht dem Durchschnittsarbeitnehmer und sicher schon gar nicht Ihnen, liebe Leserin, lieber Leser, entspricht. Doch was Günni absichtlich mit seinem Chef treibt, passiert tagtäglich in den Unternehmen oft auch ohne böse Absicht: Dass eben auch der ein oder andere Mitarbeiter eine unberechenbare Lottozahl ist – die mit 48 anderen Zahlen durch die Mischtrommel schwirrt, hin und her, kaum zu erkennen, und so weiter…

Da gehen Arbeitsaufträge des Chefs zum einen Ohr rein und zum anderen wieder raus, Termine werden vergessen, Arbeiten nicht rechtzeitig abgegeben, sodass der Chef aufgeschmissen ist und es am Ende selbst machen muss, Absprachen werden nicht eingehalten, Ansagen des Chefs nicht ernst genommen. Und morgens kann es schon mal vorkommen, dass der Anruf eines Kunden ins Leere geht, weil der Mitarbeiter seinen Arbeitszeitbeginn etwas zu flexibel auslegt. Ist die Laune gerade im Keller, weil man schlecht geschlafen hat oder es Stress mit den Kindern zu Hause gab – dann bekommt das auch so mancher Geschäftspartner im Termin einmal zu spüren.

Solche Unzuverlässigkeiten, so berichten uns die Chefs, sind leider in vielen Betrieben an der Tagesordnung. Hier, liebe Mitarbeiter, dürfen wir aber nicht mit zweierlei Maß messen: Wer Zuverlässigkeit erwartet – der muss auch selbst welche bieten.

Warum ist es nun für beide Seiten so wichtig, zuverlässig und berechenbar zu sein?

Lassen Sie uns ein weiteres Fallbeispiel betrachten, das zeigt, was Unberechenbarkeit so alles anrichten kann: Ein Stationskrankenpfleger, der zu 20 Prozent seiner Dienstzeit als Qualitätsbeauftragter für das gesamte Krankenhaus arbeitete, war in dieser Funktion direkt der Geschäftsleiterin unterstellt. Von ihr erhielt er verschiedene Arbeitsaufträge – die sich leider regelmäßig gegenseitig widersprachen, weil die Chefin seine Mischfunktion nicht so recht unter einen Hut bringen konnte. Das Problem ergab sich für ihn daraus, dass er (a) heute Handbücher für die Stationen anlegen, (b) morgen die Ergebnisse der letzten Mitarbeiterbefragung auswerten, (c) übermorgen dann doch nicht die Stationshandbücher anlegen und (d) überübermorgen am besten erst gar keine Umfrage durchgeführt haben sollte – um nur ein paar seiner Tätigkeitsfelder zu nennen. Diverse Versuche seinerseits, gemeinsame und verbindliche Absprachen zu treffen, blieben ergebnislos. Zur Krönung beschwerte sich dann die Geschäftsleiterin vor der versammelten Leitungsrunde, dass er seine Arbeiten nie absprachegemäß abliefere …

Uns interessiert nun das Seelenleben dieses Qualitätsbeauftragten, wenn er heute dies und morgen jenes zu hören bekommt – und beim besten Willen nicht mehr nachvollziehen kann, weshalb seine Chefin alles andere als stark wie ein Leuchtturm steht.

Damit sind Sie jetzt an der Reihe, liebe Vorgesetzte. Versetzen Sie sich einmal in diesen Mitarbeiter – versuchen Sie, sich in ihn einzudenken und einzufühlen:

*Frage:* Was geht in dem Qualitätsbeauftragten vor?

1. Keine Ahnung. Bin ich der liebe Gott …
2. Hmmm, es geht ihm so weit gut – glaube ich. Andere sind arbeitslos, die hätten wirklich Grund, sich zu beklagen.
3. Vielleicht ist er frustriert und hilflos?

Bingo! Es ist die Nummer 3. (Sollten Sie mit 1 oder 2 geantwortet haben, so zögern Sie nicht, uns zu kontaktieren. Gerne beraten wir Sie persönlich.) Natürlich ist er frustriert und hilflos, denn egal, was er tut oder lässt – er kann es seiner Chefin niemals recht machen!

Damit allerdings noch nicht genug: Unsere Untersuchungsergebnisse belegen, dass sich aus dem Frust und der Hilflosigkeit vieler Betroffener – die, egal, was auch immer sie anstellen, es immer falsch machen – massive Symptome der Angst, Depression und Apathie entwickeln. In der Fachsprache heißt das »Erlernte Hilflosigkeit«. Schauen wir uns diesen Zustand etwas näher an.

## SOS – holt mich hier raus!

Erlernte Hilflosigkeit bedeutet, dass wir aus Erfahrungen der Hilf- und Machtlosigkeit heraus unser Verhaltensrepertoire so einengen, dass wir negative Zustände nicht mehr abstellen – obwohl wir es von außen betrachtet könnten. Das ist unter anderem der Fall, wenn uns kontinuierliches Versagen davon abhält, Erfolgserlebnisse zu haben. Eine Folge ist zum Beispiel Depression. Umgebungen, in denen sich Personen hilflos fühlen oder tatsächlich hilflos sind, können sein: Gefängnis, Krieg, Hungersnot und Dürre, psychiatrische Anstalten, Pflegeheime oder eben der Arbeitsplatz – man muss nur lange genug handlungsunfähig gewesen sein und bleibende Minderwertigkeitskomplexe haben.

Die erlernte Hilflosigkeit wurde in den 1960er Jahren unter anderem von Martin Seligman in Experimenten mit Hunden überprüft. Im ersten Durchlauf setzte er Versuchshunde kurzen, leichten Elektroschocks aus, denen sie nicht entkommen konnten. Die Hunde probierten zunächst alles Mögliche aus, dann aber ließen sie die Schocks passiv über sich ergehen. Im zweiten Durchlauf hatten die Hunde durchaus die Möglichkeit, den Schocks durch Flucht an einen anderen Ort zu entkommen. Diese Möglichkeit nahmen sie aber gar nicht mehr wahr – sie blieben lethargisch liegen und ließen weiterhin die Schocks über sich ergehen.

Wie sind nun diese Ergebnisse zu erklären?

In der ersten Phase der unkontrollierten Schocks hatten die Hunde gelernt, hilflos zu sein: Ihr Verhalten hatte ja keinerlei Einfluss auf die Umwelt. Deshalb unternahmen sie in der zweiten Runde, in der es durchaus einen Ausweg gegeben hätte, erst gar keinen Versuch mehr, den Schock durch Flucht zu vermeiden. Der Aufwand für eine bestimmte Reaktion erschien ihnen vergeblich. So wurden sie unaufmerksam für mögliche Fluchtwege.

Wenn also der Chef mal hü, mal hott sagt, und wenn die Mitarbeiter keine Möglichkeit sehen, durch ihr Verhalten Einfluss auf das Geschehen zu nehmen: Dann ergeht es ihnen langfristig wie den Versuchshunden. Und sie gehen vor die Hunde. Umgekehrt gilt das auch für das Verhalten des Mitarbeiters gegenüber dem Chef – darüber werden wir gleich noch sprechen.

Übrigens gibt es einen Zusammenhang zwischen der im zweiten Gebot »Du sollst teilen und herrschen« beschriebenen Reaktanztheorie und der erlernten Hilflosigkeit: Kurze Unkontrollierbarkeits- und Hilflosigkeitserfahrungen führen zu Trotz und Reaktanz, solange wir grundsätzlich glauben, wir können unsere Lage irgendwann und irgendwie wieder kontrollieren. Wir haben also eine gewisse Resthoffnung, noch etwas bewirken zu können. Dauern Unkontrollierbarkeits- und Hilflosigkeitserfahrungen hingegen an, so werden wir dauerhaft hilflos und passiv.

## Wenn Chefs ihre Mitarbeiter ins »Sterbezimmer« versetzen

Wie man Menschen sogar gezielt in die Hilflosigkeit treiben kann, um sie verzweifeln zu lassen, zeigt folgendes Beispiel aus unserer

Coaching-Praxis. Eine fünfzigjährige Angestellte aus der mittleren Managementebene litt unter starken psychosomatischen Beschwerden: Schlaf- und Herzrhythmusstörungen und Magengeschwüre. Ihre Firma war fusioniert und es gab, vereinfacht betrachtet, jede Funktion in doppelter Besetzung, das heißt: Es war immer einer überflüssig. Kein seltenes Vorkommnis in solchen Fusionsfällen. Ihr neuer Chef sagte ihr heute das, morgen wieder das Gegenteil. Seine Entscheidungen waren für sie in keiner Weise mehr nachvollziehbar, wie ein Fähnchen im Wind änderte er ständig seine Meinung. Sie erlebte ihn als unberechenbar und wusste einfach nicht, wie sie ihm gerecht werden konnte.

Was war passiert? Man hatte sie, weil sie einem Aufhebungsvertrag nicht zustimmen wollte, ins »Sterbezimmer«, wie es im Branchenjargon heißt, verfrachtet: Sie befand sich in einer Art Leerbüro ohne wirkliche Aufgaben. Sie konnte den lieben langen Tag tun und lassen, was sie wollte – sie konnte es sowieso niemals irgendjemandem Recht machen, denn eigentlich interessierte sich niemand für sie. Die daraus resultierende Hilflosigkeit machte sie schier verrückt. Da sie keinen logisch-rationalen Ausweg aus dieser Krise sah – ihr Vorgesetzter war zu keinerlei Gespräch bereit –, blieben ihr nur noch die Apathie und die Erkrankung. Traurig, aber wahr.

Ähnlich wie unser Doppelkopffreund und Kegelbruder Günni setzte dieser Vorgesetzte gezielt seine Unzuverlässigkeit und Unberechenbarkeit als Mittel zum Zweck ein. Er verfolgte ein sehr konkretes Ziel: Bossing, das Mobbing von oben. Und auch hier – wie oben – gilt: Entsprechendes Verhalten muss nicht einmal böswillig motiviert sein, um die Betroffenen in den Wahnsinn zu treiben! Vielfach ergeben sich Probleme aus Unwissenheit oder einfach nur Unbedachtheit. Das jedoch ist völlig unnötig und absolut tragisch!

## Wie Sie Ihren Arbeitsplatz zum Hauptgewinn machen

Wir haben jetzt gesehen, dass wieder mal *beide* Seiten – Mitarbeiter *und* Chefs – durchaus etwas dazu beitragen können, dass unser Miteinander am Arbeitsplatz zuverlässiger, erfreulicher und letztlich auch effektiver wird.

### Was Chefs tun können

Liebe Chefs, machen Sie Ihre Entscheidungen transparent und verfolgen Sie mit Ihren Meinungen und Entscheidungen einen roten Faden. Wenn Sie unberechenbar wie eine Lottozahl sind und es Ihnen daher nie ein Mitarbeiter recht machen kann – dann machen Sie Ihrem Umfeld den Arbeitsalltag und das Leben unnötig schwer. Und wenn Ihr Umfeld leidet, dann leiden Sie am Ende mit.

Nicht umsonst haben die Management-Professoren W. Chan Kim und Renée Mauborgne »die drei E« – die wesentlichen Faktoren für Gerechtigkeit – herausgearbeitet: In den Kapiteln 2 und 3 haben wir ja bereits »Engagement« (Einbindung von Mitarbeitern in Entscheidungsprozesse) und »Expectation Clarity« (klare Spielregeln) kennen gelernt. »Explanation« meint die Nachvollziehbarkeit von Entscheidungen. Das heißt ganz konkret, dass Sie als Chefs sicherstellen sollten, dass jeder Beteiligte versteht, wie eine Entscheidung begründet ist.

### Was Mitarbeiter tun können

Und nun zu Ihnen, liebe Mitarbeiter. Was wir oben über die erlernte Hilflosigkeit berichtet haben, gilt natürlich umgekehrt genauso für Ihren Chef, der ebenfalls darunter leidet, wenn Sie flatterhaft sind! Selbst ein Schnappi hat – wenn vielleicht auch tief verborgen – Gefühle und ist frustriert und deprimiert, wenn er seine Leute nicht verlässlich in den Arbeitsablauf einplanen kann. Täglich kämpfen Chefs mit desinteressierten, gleichgültigen Mitarbeitern oder gar solchen, die sich in eine aktive Arbeitsverweigerung geflüchtet haben. Selbst das Arbeitsrecht reicht nicht immer aus, um solchem Verhalten beizukommen.«Was auch immer ich sage und tue – der XY macht sowieso gerade, was er will«, klagte uns so mancher Vorgesetzte sein Leid. Sie sehen: Nicht nur Mitarbeiter erleben Hilflosigkeit! Legen Sie also ein einheitliches Maß an und verhalten Sie sich so, wie Sie es sich selbst von Ihren Vorgesetzten wünschen. Verzichten Sie darauf, Ihre Launen am Arbeitsplatz auszuleben! Nur wenn Sie die Dinge am Arbeitsplatz ernst nehmen, werden auch Sie selbst ernst genommen werden.

Wenn Ihnen wiederum das Verhalten Ihres Chefs unstimmig vorkommt und Sie den Eindruck haben, ihm sei der rote Faden verloren gegangen: Dann scheuen Sie sich nicht, sich dezent im Kollegium umzuhören und sich in Bezug auf Ihre Wahrnehmung rückzuversichern. Greifen Sie nicht im Gegenzug zu den Waffen und betreiben Sie Staffing, Mobbing von unten. Es geht lediglich darum, dass Sie versuchen, Ihre Sicht auf die Dinge zu objektivieren. Damit Sie gegebenenfalls rechtzeitig Maßnahmen ergreifen können. Sprechen Sie mit Ihren Vorgesetzten, solange es noch nicht zu spät ist. Erkundigen Sie sich, was genau gemeint ist; bitten Sie darum, die Ansagen und Aufträge zu präzisieren. Ist die Belastung erst einmal größer geworden, fühlen Sie sich hilflos und haben schon begonnen, an Ihren Wahrnehmungen, an Ihren Fähigkeiten und an Ihrem Verstand zu zweifeln: Dann ist die Lottokugel bereits in den Brunnen gefallen!

## Viertes Gebot
### Du sollst keine Lottozahl sein

**Für Brötchen-Geber:**

Du sollst deine Entscheidungen nachvollziehbar
machen. Du sollst stark wie ein Leuchtturm stehen
und nicht wie das Fähnchen im Wind ständig
deine Meinung ändern. Wenn du unberechenbar
wie eine Lottozahl bist, werden es dir deine Mitarbeiter
niemals recht machen können.

**Für Brötchen-Nehmer:**

Du sollst ebenfalls berechenbar und zuverlässig
in deinem Verhalten sein und nicht launisch,
egal mit welchem Fuß du aufgestanden bist,
auf dass dein Chef dich verlässlich in den Arbeitsablauf
einplanen kann. Du sollst die Dinge ernst nehmen,
damit man dich auch selbst ernst nehmen kann.

# Fünftes Gebot
## Du sollst den Tag nicht ohne Abend loben

Donnerstagabend, 19:30 Uhr. Zaghaft betritt Frau Müller das Büro von Herrn Meier.

»Ähmm«, räuspert sie sich verlegen und ihr Gesicht bekommt etwas Schulmädchenhaftes, »wäre es wohl möglich, dass ich heute vielleicht schon so gegen 21:00 Uhr gehen kann?«

Herr Meier lugt wie eine Giraffe hinter seinem Flachbildschirm hervor – sein Blick hat etwas Ungläubiges.

»Ich meine«, stammelt Frau Müller, »es ist so, dass meine Eltern hier gleich eintreffen werden – wir haben uns schon seit drei Jahren nicht mehr gesehen. Sie leben in den USA und sind körperlich nicht mehr so ganz fit – na ja, und wie das mit meinem Urlaub so ist, das wissen Sie ja selbst …«

»Aber ich bitte Sie, meine liebe Frau Müller«, erfüllt Herr Meiers Stimme betont sanft den Raum, »das kann ich selbstverständlich sehr gut verstehen. Die Eltern. Leider ist es aber so«, und seine Worte gewinnen einen Hauch von Schärfe, »dass wir bis morgen noch dieses Angebot raushauen müssen, das Projekt liegt ja in Ihrem Verantwortungsbereich. Denken Sie nur immer daran, welchen Druck der Geschäftsführer auf der letzten Konferenz deswegen gemacht hat!«

Frau Müller tritt von einem Bein auf das andere. »Natürlich, stimmt schon«, unternimmt sie einen zweiten Anlauf, »aber es ist ja die goldene Ausnahme. Außerdem dachte ich, dass ich anfangen könnte, meine 670 Überstunden aus dem Presseprojekt langsam abzubauen.«

»Überstunden?«, dröhnt Herr Meier, »Ich habe mich wohl verhört. Ich glaube kaum, dass dieser Begriff und Ihre Position hier im Unternehmen miteinander vereinbar sind! So etwas gibt es auf Ihrer Ebene einfach nicht.« Ihr gequälter Blick lässt sein Herz kalt. »Sonst noch was?«, raunzt er.

»Ich wollte ja eigentlich nicht schon wieder damit anfangen«, flüstert Frau Müller kleinlaut, »wenn Sie mich aber so fragen, dann möchte ich gerne nochmals über die Kernzeiten sprechen, die letzten zwei Jahre kam ich kaum einen Abend vor 22:00 Uhr hier raus. Ich dachte, dass, wenn ich den Schwerpunkt ›interne Kommunikation‹ an Sie zurückgebe ...«

»Daher weht also der Wind«, fährt Herr Meier ihr unsanft über den Mund, »nun, wenn das so ist, dann können Sie es gleich ganz lassen und Ihre Sachen packen. Wie Sie aus unseren Zielvereinbarungsgesprächen wissen, bin ich ungern barsch«, und sein Ton schwillt auf Kleinlasterlautstärke an, »aber Sie sind meine direkte Vorgesetzte und haben hier Vorbildfunktion. Klaro? Sie müssen alles geben, Frau Müller – so läuft das Geschäft nun mal!«

»Nanu, was ist denn das für eine wunderbar verkehrte Welt, in der der Mitarbeiter seine Chefin zur Raison ruft – ihr den Feierabend madig macht, Überstunden anordnet und den Urlaub streicht?«, fragen Sie jetzt ein wenig entgeistert.

Und wir geben zu: Diese Welt ist verkehrt.

Aber: Der Dialog für sich genommen stimmt schon und ereignet sich tagtäglich millionenfach – allerdings in getauschten Rollen. Er spiegelt das wider, was viele Arbeitgeber mit ihren Angestellten machen.

Und das ist ebenfalls verkehrt!

Doch bevor Sie jetzt auf dumme Gedanken kommen und sich durch Herrn Meiers Worte zu fatalem Fehlverhalten gegenüber Ihrem eigenen Chef inspirieren lassen, tauchen wir an dieser Stelle lieber für einen Moment in die »wirkliche« Wirklichkeit ein.

## Arbeit ist alles, was keinen Spaß macht?

Unter »Arbeit« verstehen wir im Allgemeinen eine zielgerichtete, planmäßige und bewusste menschliche Tätigkeit, die unter Einsatz physischer, psychischer und geistiger Fähigkeiten und Fertigkeiten erfolgt. Die meisten von uns müssen mit Arbeit ihren Lebensunterhalt bestreiten. In manchen, glücklichen, Fällen fällt auch noch das bewusste kreative und schöpferische Handeln unter diesen Begriff.

Schöpfen hin, schöpfen her; wie das mit Tätigkeiten unter Einsatz unserer Kräfte so ist: Arbeit macht zwar im besten Falle noch Spaß und ist befriedigend – sie kann aber auch ganz schön anstrengend sein und ist vor allem zeitintensiv.

So berichtet Nicola Holzapfel in einem ZEIT-Artikel, dass alle Deutschen zusammen im Jahr 2007 insgesamt 56 Milliarden Stunden gearbeitet haben. Was schon eine ganze Menge ist. Jetzt kommt es aber: Davon waren circa 3 Millionen Überstunden, so eine Berechnung des Instituts für Arbeitsmarkt- und Berufsforschung. Das wiederum sind pro Kopf über 100 Stunden mehr als im Vertrag vorgesehen. Und zu allem Überfluss: Nur die Hälfte dieser angefallenen Überstunden wurde auch vergütet.

Das sind die objektiven Fakten. Von den subjektiven Folgen für den einzelnen Menschen soll ein Beispiel aus der Praxis zeugen:

Wir hatten einmal einen Coachee, Lobbyist in der Automobilbranche. Viele Kontakte, viele Interviews, viel Rummel. Es war ihm nicht gestattet, länger als eine Woche am Stück frei zu nehmen. Wenn er seinen wohlverdienten Feierabend, sein Wochenende oder gar seinen Urlaub genießen wollte, dann klingelte grundsätzlich sein Handy bis 22:00 Uhr, weder sein Boss noch sein Fax kannten die sogenannte Nachtruhe, und am nächsten Morgen war das E-Mail-Postfach wieder übervoll. Der Manager – eine ehemals stattliche, breitschultrige und lebensfreudige Erscheinung – ging zunehmend gebückt; die müden Augen versanken mehr und mehr in dunklen Höhlen, seine Stimmung war auf dem Nullpunkt. Am Ende wurde er von PR und Marketing »befreit«, wie es so schön hieß. Denn, so erfuhr er später durch eine kleine Indiskretion der Chefsekretärin, man konnte der Öffentlichkeit seinen Anblick nicht mehr zumuten.

Wen wundert es bei solchen Auswüchsen, dass laut *Arbeitsklima-Barometer* des IFAK Instituts oder *DGB-Index Gute Arbeit* die Unzufriedenheit der Arbeitnehmer in bisher ungeahnte Höhen steigt? Nahezu 90 Prozent der Beteiligten sind unzufrieden und weisen keine oder eine nur geringe Bindung an ihre momentane Tätigkeit auf. Sie überlegen, den Job zu wechseln. Dazu passend stellte das Institut Gewis fest: 72 Prozent aller deutschen Arbeitnehmer wünschen sich eine Auszeit. Und die Krankenkassen meldeten für 2008 wieder steigende Krankenstände. Wenn das mal keine Alarmsignale sind!

Liebe Chefs, Sie haben sich jetzt ein Bild davon machen können, wie es Ihren Mitarbeitern geht, wenn Sie sich einfach mehr nehmen, als Ihnen zusteht. Sie kaufen zwar mit dem Gehalt, das Sie an Ihre Leute zahlen, einen Teil deren Lebens. Das ist schon okay. Aber eben auch nur einen Teil. Alles, was darüber hinausgeht, ist nicht mehr okay. Sonst reagieren Ihre Angestellten wie

Frau Steck-Ein vom Anfang dieses Buches: Sie versuchen, dieses Ungleichgewicht auf eigene Faust wieder auszugleichen. Möglichkeiten dafür finden sich immer. Und ob das dann so okay ist …

## Work-Life-ich-hol-mir-die-Balance

Liebe Mitarbeiter, wie bei allem im Leben gehören immer zwei dazu. Oben haben wir Ihrem Chef ins Gewissen geredet und ihm verdeutlicht, dass Ihr gemeinsames Arbeitsverhältnis ein wechselseitiges Geben und Nehmen ist. Er gibt Ihnen sein Geld, Sie geben ihm im Gegenzug Ihre Zeit und Arbeit. Was aber passiert, wenn Sie zwar gerne sein Geld nehmen, umgekehrt aber mit Ihrer Zeit geizen? Und sich auf Ihre ganz eigene Weise den Feierabend loben?

Schnüffeln wir ein wenig in dem Tagebuch einer Chefin, das uns zugespielt wurde.

Liebes Tagebuch!

Du wunderst dich bestimmt, dass ich dir so lange nicht geschrieben habe. In der letzten Zeit hatte ich viele Krisen zu managen und es ging mir nicht besonders gut.
Ich arbeite ja unheimlich hart an mir. Es ist nicht immer leicht, Vorgesetzte zu sein, denn ich soll ja den Spagat bewältigen zwischen Firmenzielen und Profit einerseits und den Gefühlen, Bedürfnissen und Wünschen meiner Mitarbeiter andererseits. Mir ist wichtig,

meine Mitarbeiter immer auch als Menschen zu sehen. Selbstverständlich wäre es unkomplizierter, ich hätte es mit Maschinen zu tun, die ich einfach programmieren könnte. Und wenn mal Mehrarbeit anfällt, dann werden sie einfach umprogrammiert und laufen auch mal die Nächte und Wochenenden durch. Gerade jetzt – in diesen wirtschaftlich schweren Zeiten – bleibt es natürlich nicht aus, dass der eine oder andere mal länger bleiben oder etwas flexibler mit seiner Urlaubsplanung sein könnte.

Mir ist schon klar, dass die Firma nicht unbedingt zum Lebensinhalt meiner Leute werden muss! Und mir ist auch klar, dass ich als Vorgesetzte am ehesten reinbuttern muss – dafür bekomme ich ja auch mehr Gehalt und das tue ich ja auch.

Was aber in der Firma passiert, ist oft alles andere als förderlich: Viele machen einfach, was sie wollen, kommen später, gehen früher, oder kommen erst gar nicht – sie nehmen sich, wonach ihnen der Sinn steht und was sie für richtig halten. Und haben dafür die abstrusesten Begründungen und Ausreden parat...

Entschuldige, jetzt klingelt auch noch mein Telefon – das ist doch nicht etwa mein Mitarbeiter Herr ▪▪▪▪▪▪▪▪ – was der wohl so spät noch will? Da ist doch hoffentlich nichts passiert? Ich bin gleich wieder da ...

Dann machen wir eben an dieser Stelle weiter – solange die Chefin telefoniert. Wir waren beim Thema Zuspätkommen und Blaumachen. Bei dem Umstand, dass manche Mitarbeiter aus ihrem subjektiven Gerechtigkeitsempfinden heraus versuchen, sich das zu holen, was ihnen ihrer Meinung nach zusteht. Zu diesem Thema gibt es Untersuchungen, die wir Ihnen nicht vorenthalten wollen.

### Komm ich heut nicht, komm ich morgen ... auch nicht

Geben wir es doch zu: Der eine oder andere ist längst um keine Ausrede für Unpünktlichkeit oder Blaumachen verlegen – selbst wenn er Gefahr läuft, sich lächerlich zu machen. Das Onlineportal CareerBuilder ermittelte: 13 Prozent aller Angestellten kommen mindestens einmal wöchentlich zu spät, 24 Prozent mindestens einmal monatlich. Die Studie fand zudem heraus: Dem Chef die Wahrheit sagen und versichern, dass es ein einmaliger Vorfall bleibe, ist weit weniger angesagt, als eine detailreiche Geschichte um Kinder am Frühstückstisch und den morgendlichen Berufsverkehr zu kredenzen. Da kennt die Kreativität keine Grenzen! Als ungewöhnlichste Begründungen für ein verspätetes Erscheinen am Arbeitsplatz nannten Personaler unter anderem:

■ »Ich habe geträumt, dass ich entlassen werde. Darum erschien es mir nicht der Mühe wert, mich aus dem Bett zu quälen.«
■ »Ich habe Sie an Ihrem Arbeitsplatz vermisst und war auf der Suche nach Ihnen.«
■ »Ich wollte mir beim Bäcker um die Ecke ein Brötchen besorgen, als dieser überfallen wurde. Die Polizei bestand darauf, dass alle Beteiligten bis zum Abschluss der Zeugenbefragung vor Ort bleiben.«

Nach Angaben von Arbeitnehmern ist übrigens – wer hätte das gedacht? – der Montag mit 64 Prozent der beliebteste Tag für das Zuspätkommen. Und es kommt noch kränker.

### Lieber krank feiern als gesund schuften

Geben wir bei Google Stichwörter wie »Blaumachen« oder »Krankfeiern« ein. Auf den ersten Seiten erscheinen zig Portale und Foren, die gezielt dazu anleiten, Feierabend und Ferien beliebig zu strecken. Hier finden wir detaillierte Unterweisungen, wie viel Blut man dem Untersuchungsurin beimengen muss, um eine Blasenentzündung zu simulieren. Wie vermeintliche Gastritis und Gehirnerschütterung zur wohlverdienten Ruhe verhelfen. Rat für den Umgang mit Amtsarzt und Krankenkasse inklusive. So heißt es zum Beispiel munter: »Bist du in einer Betriebskrankenkasse versichert, aufpassen: Die Schweinebande macht Kontroll-Hausbesuche!«

Wie weit ist es mit uns gekommen, wenn es als schick gilt, mit einer Krankmeldung zu prahlen? Wenn sich Bücher wie *Die Entdeckung der Faulheit. Von der Kunst, bei der Arbeit möglichst wenig zu tun* von Corinne Maier zu Bestsellern aufschwingen, die Mitarbeiter zu so einem Verhalten anstacheln? Chefs gehen auf dem Zahnfleisch und Unternehmen drohen bei übermäßigem Krankenstand Auftragseinbußen und finanzielle Schäden, bis hin zum wirtschaftlichen Ruin. Der Schaden geht in die Milliarden.

Und ähnlich wie beim Zuspätkommen ist sich laut einem *Spiegel-Online*-Bericht von Patricia Dreyer aus dem Jahre 2008 niemand zu fein, die überzogensten Begründungen für das völlige Fernbleiben von der Firma vorzubringen.

»Ich habe Grippe« – solch schlichte Erklärungen für den Arbeitsausfall sind weit überholt. Wer die Maloche vermeiden will, dem ist oft keine Ausrede peinlich, fantastisch oder dämlich genug. Ein Drittel der Befragten gab zu, sich im letzten Jahr krankgemeldet zu haben, ohne dass ihnen etwas fehlte. Der Boss bekam dann zu hören:

■ »Mein Hund war krank, und ich wollte rausfinden, was ihm fehlt, und habe von seinem Hundefutter gegessen. Jetzt bin ich auch krank.«

■ »Ich war auf der Hochzeit meiner Schwester und nippte an meinem Drink. An dem Glas hab ich mir einen Zahn rausgebrochen. Als ich mich vorbeugte, um ihn auszuspucken, stieß ich mir den Kopf an einem Bierfass und wurde ohnmächtig.«

■ »Wir waren im Zirkus, da hat mich ein Tiger angepinkelt, und das hat eine Ohren-Infektion bei mir ausgelöst.«

Mal ehrlich: Wie kann man denn von seinen Vorgesetzten erwarten, dass sie einem munter das Privatleben lassen, wenn man selbst noch munterer versucht, ihnen ihr Geld zu nehmen – ohne die Gegenleistung Zeit und Arbeit zu geben?

Und dann ist die Verwunderung groß, dass Vorgesetzte in die Raserei geraten. Entsteht der Eindruck, man würde übermäßig kontrolliert, wenn Chefs ein Attest verlangen. 14 Prozent der Vorgesetzten machen sich laut *Spiegel* sogar die Mühe, bei ihren kranken Arbeitnehmern vorbeizuschauen, um sich von deren gesundheitlichem Zustand zu überzeugen. Ganz zu Unrecht tun sie das wohl nicht – wie wir jetzt vermuten können. Und wenn wir in unseren Google-Resultaten zu »Krankfeiern« ein wenig weiterblättern, dann gelangen wir direkt auf die Seiten zahlloser Detekteien, die in dem Blaumachen-Problem längst eine lukrative Marktlücke entdeckt haben. Dankbaren Arbeitgebern bieten sie ihre Recherchedienste an. Offenbar gibt es dafür Bedarf…

Schon lange hat der »Blaue Montag« seine ursprüngliche Bedeutung verloren: Früher war es üblich, an den arbeitsfreien Montagen in der Fastenzeit die Kirchen mit blauem Tuch zu schmücken. Mit der Zeit wurde die Arbeitsfreiheit des Fastenmontags auf alle Montage ausgedehnt, um den Wochenendbetrieb vieler Kleinbetriebe zu kompensieren. Heute ist der Blaue Montag eher gleichzusetzen mit »Gelber Schein«, der häufig als Gewohnheitsrecht betrachtet wird.

Ja, um unsere Arbeitsmoral ist es im internationalen Vergleich leider schlecht bestellt. Laut einer Befragung des Personalberatungsunternehmens Geva-Institut aus dem Jahre 2007 schwänzen deutsche Berufstätige im Durchschnitt knapp zwei Tage pro Jahr die Arbeit und liegen damit bei den Blaumachern weltweit auf Platz 5 von 25 Ländern.

Der weltberühmte, einst so pünktliche, gehorsame und fleißige Deutsche – ein eigenmächtig waltender Nimmersatt?

Liebe Arbeitnehmer, bei allem Verständnis – so geht es nicht! Dass Ihre Chefs Sie unfair behandeln, versuchen, Ihr Gehalt zu drücken, über die berechtigte Arbeitszeit hinaus Ihre Lebenszeit zu rauben – das ist nicht in Ordnung. Davor dürfen Sie sich schützen und dagegen dürfen Sie etwas tun. Das heißt allerdings nicht, dass Sie selbst im Gegenzug zu unlauteren Methoden greifen und sich einfach eigenmächtig das nehmen, was Ihnen Ihrer Meinung nach zusteht.

## Chef, gib mir alles – die Welt ist nicht genug!

Doch genug der mahnenden Worte. Inzwischen hat unsere Chefin ihr Telefonat beendet und sich wieder ihrem Tagebuch gewidmet. Lesen wir also weiter.

Liebes Tagebuch,

sorry für die Störung, ich musste gerade ans Telefon. Es war in der Tat mein Mitarbeiter Herr ▬▬▬▬▬▬. Du wirst nicht glauben, was er von mir wollte.

Ich gebe mir ja wirklich große Mühe, dass meine Leute zufrieden sind – wie man eben mit Arbeit grundsätzlich so zufrieden sein kann. Natürlich verstehe ich, dass man bestimmte Erwartungen und Wünsche an seinen Job hat. Das ist ganz normal und auch gut so, sonst wäre man ja nicht mehr motiviert.

Was ich aber eben zu hören bekam, das geht auf keine Kuhhaut: Da sagt mir Herr ████████████████ doch allen Ernstes, er sei schon lange unzufrieden und habe jetzt mal alle Punkte gesammelt, über die er sich bei mir beschweren wolle. Ich als Chefin sei für ihn und sein Glück verantwortlich, deshalb mache er jetzt von seinem Recht Gebrauch und rufe mich auch mal außerhalb der Dienstzeiten an. Diesen Punkt kann man sicherlich unterschiedlich sehen. Egal … Er forderte jedenfalls von mir, dass sich bald etwas für ihn ändert: Er langweile sich, seine Freude bei der Arbeit nehme immer mehr ab. Die Besprechungen seien dröge, seine Aufgaben zu eintönig und er habe sich eigentlich viel mehr von seiner Stelle versprochen. Das sind schon Punkte, über die man mal gemeinsam nachdenken und reden kann.

Es ging aber noch weiter: Er erwarte mehr Sinnhaftigkeit im Job und wolle mit seiner Tätigkeit etwas bewegen auf der Welt. Spuren zum Wohle der Menschheit hinterlassen, wie er es nannte. Es sei meine Pflicht als Vorgesetzte, ihn bei diesem Vorhaben zu unterstützen.

Das klang rührend und ich freue mich, dass ein Mitarbeiter so tiefgründig sein kann. Ich wollte ihn noch fragen, wieso er sich dann damals für die Papierindustrie entschieden habe, aber mir fehlten einfach die Worte.

Sprachlos, deine Ch.

Da spricht die Chefin ein weit verbreitetes Problem an: Dass die Erwartungen vieler Mitarbeiter an ihren Arbeitsplatz krachend mit der Realität zusammenstoßen. Spiel, Spannung, Spaß, nette Leute um einen herum, jede Menge Geld, all das soll ein Arbeitsplatz bieten – und noch viel mehr: Auch Erfüllung und nicht weniger als den Sinn des Leben soll der Arbeitgeber noch drauflegen.

Hört sich gut an.

Das Problem: Kein Arbeitsplatz dieser Welt kann all das bieten. Es ist ja durchaus berechtigt, dass man den einen oder anderen Wunsch an seine Tätigkeit hat, dass man auch gewisse Erwartungen an die Sinnhaftigkeit hegt. Jeder möchte seinen Platz im Weltgeschehen haben. Aber das sind zum einen Dinge, die man wohl besser im Vorfeld, beim Vorstellungsgespräch, im Zusammenhang mit der Arbeitsplatzbeschreibung klären sollte. Sicherlich kommt der eine oder andere Punkt erst während der Ausübung der konkreten Tätigkeit auf den Schreibtisch – dazu dient ja unter anderem auch die Probezeit. Und wenn man freundlich fragt, dann ist der Chef bestimmt bereit, über das eine oder andere Thema nachzuverhandeln.

Allerdings, und diese Wahrheit wollen viele nicht wahrhaben: Jeder Arbeitsalltag besteht nun einmal hauptsächlich aus unglaublich unspektakulären Routineaufgaben. Überall muss einfach Tag für Tag »ganz normale« Arbeit weggeschafft werden. »Langweilig und belanglos« – das ist die Standardklage vieler Mitarbeiter über ihre Arbeit. Doch es kann nicht jede und jeder von uns jeden Tag die Welt verändern – die Welt müsste sich sonst ja auch in einem ganz schön rasanten Tempo verändern. Wir Menschen sind eben immer nur ein Teil in einem sehr großen Gefüge: im Arbeitsleben und in der Weltgeschichte überhaupt. Das empfinden wir oft als unbefriedigend und sind enttäuscht, weil wir im Arbeitsleben nach der großen »Erfüllung« suchen, nach der einmaligen, aufregenden, immens bedeutenden, für die Welt unverzichtbaren Tätigkeit.

Die Wahrheit aber ist: Ein Job ist eben nur ein Job. Wir haben oben gesehen, dass es weder fair noch hilfreich ist, wenn Ihr Arbeitgeber von Ihnen erwartet, dass Sie seine Anliegen und seinen Unternehmensinhalt zu Ihrem eigenen Lebenssinn und Lebensinhalt machen. Umgekehrt ist es natürlich ebenso unfair und schädlich, wenn Sie derselben Arbeit und demselben Arbeitgeber die Verantwortung dafür aufbürden, *dass Ihr Leben mit Sinn und Inhalt gefüllt wird*. Der Arbeitsvertrag ist zunächst einfach einmal ein Tauschgeschäft: Geld gegen Arbeitszeit. Nicht weniger – aber auch nicht mehr.» § XY (Selbstverwirklichung)« steht nicht darin. Wenn Sie die Arbeit und den Chef für Ihr gesamtes Lebensglück verantwortlich machen, dehnen Sie den psychologischen Arbeitsvertrag zu weit aus. Denn dafür ist jeder selbst verantwortlich. Die Arbeit kann dabei immer nur ein Baustein unter vielen sein.

Nun drängt sich natürlich die Frage auf: Wie kann es dazu kommen, dass manche Arbeitnehmer derartige Erwartungshaltungen aufbauen? Sollten sie die etwa bei ihren eigenen Vorgesetzten abgekupfert haben?

## Was du von mir, das ich von dir – warum wir unsere Erwartungen sorgsam prüfen sollten

Ob Mitarbeiter ihre Chefs für ihr Lebensglück verantwortlich machen, hängt nicht zuletzt davon ab, wie viel Spielraum die Chefs den Mitarbeitern in ihrem Leben noch für andere Inhalte und Sinnquellen lassen.

Dazu folgender Fall aus der Lebenswirklichkeit: Frau X ist Politikredakteurin bei einer überregionalen Tageszeitung. Dienstbeginn ist 6:30 Uhr. Das ist im Vergleich zu anderen Berufsgruppen nicht unbedingt wahnsinnig spät – aber irgendwie machbar. Ihr Chef ist der Ressortleiter Herr Y. Auch das ist machbar. Weniger machbar ist allerdings, dass Herr Y explizit fordert, dass seine Mitarbeiter – und darunter eben auch Frau X – bei Dienstbeginn »vorbereitet« erscheinen. Unter »vorbereitet« versteht er: Wenn sie die Redaktion um 6:30 Uhr betreten, sollen sich alle schon zwei, drei Themen überlegt und ausgearbeitet haben, über die sie an diesem Tag schreiben können. Die fertigen Artikel also schon im Kopf mit zur Arbeit bringen. Das heißt konkret, dass Frau X bereits um 4:30 Uhr aufsteht, um zu Hause im Internet die Nachrichtenlage zu prüfen, sich dann Stichworte zu Themen und möglichen Artikeln macht, um pünktlich und »vorbereitet« um 6:30 Uhr in der Redaktion zu erscheinen. Die zusätzlichen zwei Stunden sind selbstverständlich keine Dienstzeit, sondern reines Privatvergnügen. Nachmittags, nach der letzten Redaktionskonferenz, darf Frau X gerne noch die eine oder andere Extrastunde dranhängen, um dann pünktlich zur *Tagesschau* ihr Treppenhaus zu betreten. Da sie laut Anordnung von oben stets auf dem Laufenden sein muss, schafft sie es – bevor sie gegen 22:00 Uhr ins Bett fällt – gerade noch, einen Blick in die Spätnachrichten zu werfen. Auch dies: reines Privatvergnügen. Denn für einen Journalisten sind Nachrichten ja der Lebensinhalt. So zumindest sieht es der Chef…

## Was Chefs tun können

Wenn Sie, liebe Chefs, also erwarten, dass Ihre Angestellten Ihr Unternehmen zu ihrem eigenen Lebensinhalt machen, dass sie kein privates Leben und keine privaten Gedanken mehr haben – dann dürfen Sie sich nicht wundern, dass es kracht. Und wenn Sie wiederum einfach klammheimlich – und hinter dem Rücken Ihrer Leute – den unsichtbaren psychologischen Arbeitsvertrag um den »§ ABC (Mein Leben gehört dem Chef)« erweitern, dann kann es passieren, dass Ihre Leute Sie eines Tages zu ihrem Guru erheben. Was auf den ersten Blick sicherlich verlockend erscheinen mag. Damit verbunden sind allerdings auch, und das erschließt sich dann auf den zweiten Blick, all die problematischen Erwartungen und Forderungen in Bezug auf Sinnhaftigkeit und Selbstverwirklichung, die wir gerade besprochen haben. Wenn Sie sich als Chef im gesamten Leben Ihrer Mitarbeiter breitmachen, dann dürfen Sie sich nicht wundern, wenn die Sie auch für ihr gesamtes Lebensglück verantwortlich machen. Und wer kann und will diese Verantwortung schon jeden Tag tragen?

Und die Moral von der Geschicht': Ein Job ist ein Job – mehr nicht.

Damit sich Ihre Mitarbeiter die Work-Life-Balance nicht eigenmächtig auf die oben beschriebene unlautere Weise zurückholen müssen: Tragen Sie doch einfach selbst dazu bei, dass das Verhältnis von Berufs- und Privatleben stimmt. Das gelingt am besten über geregelte Arbeits- *und* Freizeiten. Muße ist nicht zwangsläufig gleich Müßiggang. Verheizen Sie Ihre Mitarbeiter nicht! Es gibt notwendigerweise immer wieder Phasen, in denen sich besonders viel anhäuft und dann umso intensiver abgearbeitet werden muss. Denn – das hatten wir ja schon – die Arbeit ist kein privater Internetspielplatz, kein Ponyhof und auch keine Beautyfarm. Aber spätestens nach solchen Intensivphasen mit arbeitsmäßigen Höhepunkten sollten Sie Ihren Beschäftigten unbedingt die wohlverdiente Ruhepause und Auszeit gönnen. Alles andere wäre nur sehr kurzfristig gedacht. Denn ein ausgebrannter, chronisch kranker Angestellter ist eine größere Belastung als ein urlaubmachender. Der kommt bald wieder. Frisch, für die Arbeit. Freizeit ist historisch gewachsen und bereits seit Jahrtausenden bewährt: Schon die Griechen in der Antike und auch die Römer unterschieden zwischen Arbeit und Freizeit – selbst die Sklaven und die Unterschicht verfügten über freie Tage, die sie beispielsweise bei den Zirkusspielen verbrachten. Vor diesem Hintergrund dürfte es Ihnen schwer fallen, zu begründen, weshalb gerade Ihre Beschäftigten heute darauf verzichten sollen.

### Was Mitarbeiter tun können

Liebe Mitarbeiter, schaffen Sie eine gesunde Distanz zur Arbeit und versuchen Sie, unrealistische Vorstellungen an das Arbeitsleben zu korrigieren. Seien Sie fair: Ihr Chef ist nicht für Ihr gesamtes Lebensbefinden verantwortlich. Allerdings sind auch nicht Sie mit Ihrem gesamten Leben für die Glückseligkeit Ihres Chefs verantwortlich. Setzen Sie deshalb in beide Richtungen Grenzen, damit es gar nicht erst zu der für Ihren Chef und Sie gleichermaßen ungünstigen Gleichung »Arbeit = gesamtes Leben« kommt. Gerade als Neuer werden Sie oft zunächst überlastet, Kolleginnen und der Boss fragen sich »Was kann man dem alles aufbürden, bis er murrt?« Und natürlich wollen Sie nicht als Faulpelz abgestempelt werden. Aber irgendwann ist das Ende der Fahnenstange erreicht.

Suchen Sie dann nach Entlastungsmöglichkeiten im Team – statt einfach zu schwänzen: Entwickeln Sie gemeinsam durch Austausch, Feedback und gegenseitige Begleitung realistische Arbeitspläne und verteilen Sie die Aufgaben fair und nach Neigung: Die eine mag es als Höchststrafe empfinden, den Telefondienst zu übernehmen, dafür hat sie vielleicht ein glückliches Händchen mit der Datenbankpflege. Am Ende bekommt jeder die passende Aufgabe und vor allem die Anerkennung, die ihm für seinen Einsatz zusteht.

Wenn diese Maßnahmen nicht den gewünschten Erfolg zeigen, die Arbeitsflut zu bewältigen, dann ist ein Gespräch mit dem oder der Vorgesetzten unausweichlich. Wer nicht klagt, der nicht gewinnt – der wird auch weiterhin mit Arbeit überschüttet. Entwickeln Sie den Mut, »Nein« zu sagen. Vergessen Sie dabei nicht, eine stichhaltige Begründung für Ihr »Nein« zu liefern, Sie wollen ja nicht wie die Lottozahl rüberkommen – das haben wir bereits besprochen. Am besten protokollieren Sie Ihre Arbeit und liefern objektive Daten.

## Schaffe, schaffe – Gräble schaufle?

Oben haben wir hauptsächlich analysiert, wie Mitarbeiter unter dem Druck ihrer Chefs leiden – und umgekehrt. Es gibt allerdings auch den Fall, dass wir uns selbst – egal, ob Chef oder Mitarbeiter – unter Druck setzen und in etwas sehr Ungesundes hineinsteigern: die Arbeitssucht.

In psychologischen Internetforen spielen sich regelrechte Dramen ab: Frauen klagen über Männer, die jeden Samstag in der Firma hocken und sogar am Küchentisch noch ihre Projekte beackern. Gemeinsame Freizeitaktivitäten? Fehlanzeige! Sie langweilen sich ohne Arbeit und können sich nicht mal mehr auf ein Fußballspiel konzentrieren. Und wenn man ihnen die Akten wegnimmt, dann werden sie unleidlich.

Arbeitssucht ist eine Krankheit wie Alkoholismus oder Tablettensucht. Workaholics haben niemals frei. Sie hassen Wochenenden. Sie schauen Halbtagskräfte an, als kämen sie vom Mond. Nichtstun ist für sie ein Albtraum. Und ihre eigenen Kinder kennen sie kaum. Sie leben unter einer Käseglocke, in der nur sie und ihre Arbeit existieren. »Urlaub? Was für Schwächlinge!« Und ein Familienspaziergang wird genutzt, um eben in die Firma reinzuschneien. Alles, was nicht Arbeit heißt, stört!

Doch irgendwann kippt die hohe Leistungsbereitschaft. Wer seinen Blackberry nie abschaltet, 24 Stunden sein Diensthandy anlässt und auch noch am Strand mit dem Laptop seine E-Mails abruft – der ist ein Kandidat für den Komplettcrash. Viele Arbeitssüchtige merken erst zu spät, dass diese Droge ihr Dasein dominiert.

Die Folgen sind massive Gesundheitsprobleme. Manche Patienten können nach dem Zusammenbruch nicht mal mehr ihren eigenen Namen schreiben, geschweige denn eine Glühbirne wechseln oder ein Auto zur Reparatur bringen.

Bei den Anonymen Arbeitssüchtigen oder in Therapien lernen die Betroffenen, ihre Abhängigkeit zu bewältigen. In besonders schweren Fällen müssen die Patienten sogar ihre eigene Arbeitskleidung samt Zeugnissen beerdigen. Doch selbst in den Kliniken fallen die arbeitssüchtigen Burnout-Opfer auf: Sie können nicht abschalten, organisieren Tischtenniswettbewerbe unter den Patienten und sprengen Gruppensitzungen mit ihrem Redefluss.

Ein Hauptproblem ergibt sich daraus, dass Workaholics in Wirtschaft und Gesellschaft angesehen sind. Sie halten das Hamsterrad am Laufen. Hinzu kommt, dass Arbeitssucht als medizinische Diagnose (noch) nicht anerkannt ist. Die Süchtigen werden meist wegen Krankheiten wie Bluthochdruck, Tinnitus oder Herzinfarkt behandelt.

Die Forscherin und Personalmanagerin Ulrike Meißner fand in Ihrer Studie *Die »Droge« Arbeit. Unternehmen als »Dealer« und als Risikoträger* heraus, dass das Problem massiv unterschätzt

## Fünftes Gebot
## Du sollst den Tag nicht ohne Abend loben

### Für Brötchen-Geber:

Du sollst den Feierabend und den Urlaub heiligen und nicht erwarten, dass deine Mitarbeiter dein Unternehmen zu ihrem eigenen Lebensinhalt machen, dass sie kein privates Leben haben und keine privaten Gedanken. Ein Job ist für die Mitarbeiter nur ein Job.

### Für Brötchen-Nehmer:

Du sollst die Arbeit und deinen Chef nicht für dein gesamtes Lebensglück verantwortlich machen, sondern einsehen, dass er nicht dein Guru und der Job nur ein Job ist.

wird. Arbeitssüchtige schaden nämlich nicht nur sich selbst und ihrer Familie, sondern auch dem Kollegium und der ganzen Firma. Amerikanische Studien – so Meißner – belegen, dass arbeitssüchtige Chefs ganze Firmen in den Ruin treiben können.

### Wie Sie gemeinsam ein Loblied anstimmen können

Liebe Mitarbeiter, liebe Chefs! Für Sie beide gilt: Nehmen Sie sich Zeit und Raum zum Ausruhen. Suchen Sie körperlichen und geistigen Ausgleich in Sport, Musik oder anderen Hobbys. Bitten Sie vertraute Menschen, Sie an Ihre Vorsätze zu erinnern oder Sie gegebenenfalls zum Beispiel zu einem Spaziergang zu »zwingen«. Nicht nur Disziplin und Fleiß bringen Sie voran, sondern auch Mut zur Muße. Wenn Sie Ihr Tempo drosseln, dann arbeiten Sie am Ende nicht langsamer, sondern effektiver! Natürlich ist es nicht dringend, mit der Familie am Wochenende einen Ausflug zu machen. Aber es ist wichtig. Sonst haben sie ganz schnell ihre Familie verloren. Dann ist es zu spät.

## Sechstes Gebot
## Du sollst Anerkennung anerkennen

Es ist Herr Rentes letzter Tag. Nach 23 Jahren im Unternehmen neigt sich sein Arbeitsleben nun den finalen Stunden zu. Vom Ruhestand trennt ihn nur noch der Ausstand. Er hat Sekt für die Kollegen besorgt, nicht zu gut und nicht zu schlecht, gerade richtig, um seine Stimmung widerzuspiegeln. Er hat seine Arbeit immer gewissenhaft erledigt, zuletzt als Abteilungsleiter in der Kundenbetreuung. Sein Chef allerdings hat sich bisher nicht traurig darüber gezeigt, dass Herr Rente aufhören wird. Offenbar ist es nur ein Routinevorgang, ihn nach 23 Jahren zu ersetzen.

Zu seiner kleinen Abschiedsfeier hat Herr Rente eine Einladung an den gesamten Kollegenverteiler geschickt, an knapp dreihundert Leute, fast alle hat er in den letzten Jahren und Jahrzehnten persönlich gut kennen gelernt. Und fast alle sind seiner Bitte um eine Antwort gefolgt, damit er planen konnte. Nur einer hat nicht reagiert – sein Chef. Keine Zusage, keine Absage. Ob er kommen wird, weiß Herr Rente nicht. Genauso wenig wie er weiß, ob sein Chef mit seiner Arbeit annähernd zufrieden war, ob er ihn überhaupt noch wahrgenommen hat in letzter Zeit. All die Jahre ist der nämlich meistens nur eilig an ihm im Flur vorbeigerast, hat ihm höchstens einmal kurz zugenickt. Vermutlich hat er auch heute Wichtigeres zu tun. »Was ist auch schon ein kleiner Abteilungsleiter«, denkt Herr Rente.

## ■ Betrunkene Chefs sagen die Wahrheit

Die Abschiedsfeier ist schon in vollem Gange, als plötzlich die Tür vom Bürotrakt her mit Schwung auffliegt. In die Party stürzt der Chef mit ernster Miene. Er klatscht zweimal kurz in die Hände, und alle verstummen.

»Mein lieber Herr Rente«, legt er kopfschüttelnd los, »Sie machen ja Sachen. Wie soll ich denn in Zukunft meine Kunden betreuen? Einige haben abzuwandern gedroht, wenn sie ihren Herrn Rente nicht mehr haben. Die wollen nur mit Ihnen sprechen. Einen Rente wie Sie kann man doch nicht ersetzen. Einen Fels in der Brandung! Und da gehen Sie einfach so in Rente, Herr Rente, mir nichts, dir nichts!«

Herr Rente blickt ungläubig um sich. Jemand reicht dem Chef ein Glas, und als der es zum Mund führt und es in einem Zug leert, fühlt sich Herr Rente dazu verpflichtet, etwas zu sagen.

»Chef, ich hatte ja gar keine Ahnung«, stammelt er, »ob Sie überhaupt kommen würden ...«

»Ob ich was?«, schnaubt der Chef viel sekthaltige Luft in den Raum und knallt empört sein Glas auf den Stehtisch. »Mein lieber Herr Rente, wenn einer meiner besten Leute geht und sich verabschieden will: Natürlich komme ich dann, daran besteht doch gar kein Zweifel!«

Herr Rente wiegt etwas unsicher seinen Kopf hin und her. »Beste Leute, naja ...«, murmelt er.

»Doch, doch, mein lieber Rente. Mitte der Achtziger sind Sie zu uns gekommen, damals habe ich das Unternehmen noch zusammen mit meinem Vater geleitet. Die Fußstapfen waren groß! Ihr Vorgänger war sehr beliebt, und unter seiner Leitung hatten wir nie auch nur einen einzigen Kunden verloren. Ich will nicht verhehlen, dass wir damals Sorge hatten, ob Sie das Kind auch so gut schaukeln würden. Aber Sie haben es uns allen vorgemacht: Wir hätten nie geglaubt, dass Sie so schnell das Ruder übernehmen, sich Ihr Netzwerk aufbauen würden. Dass Sie Ihren eigenen Ton finden bei den Kunden. ›Junge, macht der Mann das gut‹, habe ich damals zu meinem Vater gesagt.«

»Und ich habe nachts nicht mehr geschlafen, weil ich nicht wusste, ob ich die Probezeit überstehen würde…«, raunt Herr Rente ungläubig einem Kollegen zu.

»Anfang der Neunziger kam dann die erste große Bewährungsprobe«, fährt der Chef nun gut gelaunt fort. »Damals mussten wir drastisch die Preise erhöhen. Ich sehe Frau Pöhlmeyer vom Marketing noch heute vor mir im Büro stehen: ›Chef, das schaffen wir nie‹, hat sie geseufzt. ›Uns wird die Hälfte der Kunden abspringen.‹ Aber was ist passiert? Sie, mein lieber Herr Rente, sind zu jedem rausgefahren und haben das erklärt – einfühlsam und überzeugend. Ja, ja, überzeugend waren Sie immer! Das ist eine Ihrer großen Stärken.«

Herr Rente schwitzt und gießt sich Sekt nach.

»Und jetzt schauen Sie mal, was ich hier habe.« Der Chef zieht ein Blatt Papier aus seinem Sakko und entfaltet es. »Eine Bestellung aus dem Jahr 2002. Es ist ein Folgeauftrag eines unserer damals wichtigsten Neukunden. Handschriftlich hat er darauf geschrieben: ›Billig sind Sie nicht, aber der Kundenservice ist atemberaubend. Deshalb kommen wir wieder.‹ Und als Dank für all das will ich Ihnen heute eine Kleinigkeit überreichen. Äh… Sind Sie so weit, Frau Kleinschmidt?«

Frau Kleinschmidt schiebt ein riesiges Pappbild in den Raum. Ein Strand ist darauf zu sehen.

»Na, wissen Sie schon, wo's hingeht?«, fragt der Chef lauernd.

Herr Rente ist still.

»Sie machen es sich mit Ihrer Frau jetzt erst mal zwei Wochen auf den Kanaren schön. Da ist jetzt noch bestes Strandwetter! Und das beste Wetter ist für unsere besten Leute gerade gut genug …«

Herr Rente will noch so viel sagen an diesem Abend, aber er bringt nichts mehr heraus. Stumm nimmt er sein Geschenk entgegen. Und liegt noch hellwach in seinem Bett, als an seinem ehemaligen Arbeitsplatz die Lichter schon lange erloschen sind.

## Wie Sie garantiert Geschenke vom Chef bekommen

Wann hat *Ihnen* Ihr Chef zum letzten Mal etwas geschenkt? Ihnen ganz persönlich, um Ihre individuellen Leistungen zu würdigen?

Die Chancen stehen zwei zu eins, dass Ihr aktueller Chef das noch gar nie getan hat. In der Tat ist die Wahrscheinlichkeit zweimal so hoch, dass ein Chef einen scheidenden Mitarbeiter zum Abschied lobt und beschenkt, wie die Wahrscheinlichkeit, dass er einen Mitarbeiter im festen Arbeitsverhältnis für eine gute Leistung mit einer Aufmerksamkeit würdigt. Viele lesen sogar erst Monate später im Arbeitszeugnis, dass ihr Arbeitgeber sie geschätzt hat.

Wenn Sie sich also Ihre Ration Lob vom Chef abholen wollen: Dann brauchen Sie nur zu kündigen. Der Trick ist todsicher; er funktioniert in den meisten Fällen. Leider hat er Haken, und zwar für beide Seiten: Sie müssen sich einen neuen Job suchen, und Ihr Chef muss das Lob mit seinem Bedauern darüber verbinden, dass er eine gute Mitarbeiterin oder einen Mitarbeiter verliert.

Wie es uns oft so geht, fielen auch Herrn Rente erst später die richtigen Worte ein, als er zu Hause im Bett lag und keine Ruhe fand. Am nächsten Morgen schrieb er einen Brief an seinen Chef.

*Mein lieber Chef!*

*Es freut mich zu hören, dass Sie mit mir zufrieden waren.*
*Ich wünschte nur, Sie hätten nicht 23 Jahre gewartet, um es mir einmal zu sagen. Denn in einem haben Sie mich überschätzt: Ihre Gedanken konnte ich nie lesen. Und die Ihres Vaters schon gar nicht.*

*Ja, die Fußstapfen waren wahrhaftig groß damals. Ich erinnere mich noch genau daran, als ich hier angefangen habe: Die Kunden waren misstrauisch, weil sie plötzlich einen neuen Ansprechpartner hatten. Ich war unsicher, wusste nicht, ob ich die Dinge richtig angehe.*

*Wie gern hätte ich eine kleine Bestätigung vom Chef bekommen! Das hätte wahre Wunder gewirkt. Stattdessen riefen Sie mich in den ersten Monaten einmal zu sich, um mir ein Rundschreiben unter die Nase zu halten, das ich verschickt hatte: Der Zeilenabstand war einzeilig, obwohl die Corporate Identity, wie man es heute nennen würde, einen eineinhalbzeiligen Schriftsatz vorsah. So stand es im Mitarbeiterhandbuch. Sie haben mir gesagt, es sei wichtig, dass wir uns alle an diese Regeln hielten. Das sehe sonst unmöglich aus, als wären wir ein unorganisierter Schlamperladen, haben Sie geschimpft. Ich kam abends nach Hause und habe zu meiner Frau gesagt: »Ich glaube, die sind nicht zufrieden mit mir. Ich muss mich anstrengen, damit sie mich nicht während der Probezeit wieder auf die Straße setzen.«*

*Dass sie mich vielleicht am selben Abend gelobt haben, bei Ihrem Vater, hinter verschlossenen Türen – das konnte ich ja nicht wissen. Woher sollte ich? Mit welcher Freude und mit welchem Tatendrang wäre ich an die Arbeit gegangen, wenn es mir nur jemand zugetragen hätte!*

*Ähnlich ist es mit dem Lob des Kunden. Warum haben Sie mir nie eine Kopie davon gegeben? Es bei sich weggeschlossen?*

*Zuletzt habe ich Ihnen noch ein Konzept für das neue Kundenportal im Internet ausgearbeitet. Wochenlang gab es überhaupt keine Rückmeldung dazu. Dann haben Sie in einer Teamsitzung nebenbei gesagt: »Hierzu hat Herr Rente ja einen ganz brauchbaren Vorschlag gemacht.« Das war alles. Wie schön wäre es gewesen, wenn Sie mal kurz haltgemacht hätten an meinem Büro, nur drei Minuten lang. Und mir gesagt hätten, was Sie gut finden an meiner Arbeit.*

*Wie viel mehr hätte mir das bedeutet als eine Reise, jetzt, wo alles vorbei ist.*

*Herzliche Grüße*
*Ihr Herr Rente*

Und wir fügen hinzu: Lieber Chef, wie viel mehr hätte es auch für Sie bedeutet! Welche Rendite hätten Sie aus dem Geschenk herausholen können, wenn Sie es früher gemacht hätten! Auch das bloße Lob hätte sich in bares Geld verwandelt, wenn Sie sich tatsächlich einmal ein paar Jahre früher die Zeit dafür genommen hätten.

In bares Geld? So ist es. Adrian Gostick und Chester Elton haben für ihr Buch *Zuckerbrot statt Peitsche* in einer groß angelegten internationalen Studie untersucht, wie sich eine Anerkennungskultur auf den Unternehmenserfolg auswirkt. Ihr eindeutiges Ergebnis: Unternehmen, die herausragende Leistungen besonders anerkennen, können ihre Rendite mehr als verdreifachen. Und, liebe Chefs, eine dreimal so hohe Rendite, das wäre doch schon was, oder?

Der amerikanische Psychologe Albert Bandura von der renommierten Stanford-Universität hat sich ausführlich damit beschäftigt, wie sich Lob auf die Leistungsbereitschaft bei der Arbeit auswirkt. Sein Resultat: Wer Lob bekommt, möchte diesem Lob auch in Zukunft gerecht werden. Er strengt sich daher besonders an. Das ist leicht nachzuvollziehen: Wenn der Chef einmal zu Ihnen sagt »Sie haben wirklich ein Händchen dafür, die Bedürfnisse unserer Kunden auf den Punkt zu bringen« – werden Sie sich dann nicht für den Rest Ihres Lebens jeden Kundenbrief zweimal durchlesen und ganz genau darauf achten, dass Sie die Fähigkeit auch voll ausschöpfen, die Ihr Chef an Ihnen mag?

Lob vergisst man nicht. Rufen Sie sich nur die Gelegenheiten in Erinnerung, bei denen Sie gelobt worden sind. Sie werden Ihnen alle einfallen, auch wenn sie schon Jahre zurückliegen. So kraftvoll wirkt das Lob auf uns – dass wir es nie wieder vergessen, dass wir über das Lob unsere Stärken finden und uns für immer anstrengen, diese Stärken zu zeigen und auszubauen.

Dieses Phänomen haben Psychologen schon vor über 100 Jahren entdeckt und Konditionierung genannt. Konditionierung besagt, dass die Reaktionen auf unser Verhalten darüber entscheiden, ob wir uns auch in Zukunft so verhalten. Jeder kennt das aus dem Tierreich oder sogar aus dem unmittelbaren Haustierreich: Wenn Ihr Hund Ihnen Pfötchen gibt und Sie ihn danach mit Leckerli belohnen, dann wird er Ihnen wieder Pfötchen geben. Denn er weiß: Dann gibt es auch wieder eine Belohnung.

## Lob – die billigste Droge

Die Macht des Lobes lässt sich sogar chemisch nachweisen: Neurobiologen haben herausgefunden, dass das Lob ähnlich funktioniert wie starke psychoaktive Stimulanzien. Solche Stimulanzien wirken auf das Nervensystem, steigern das Denktempo und die Konzentration. Sie erzeugen ein Hochgefühl bei der Arbeit – das sich unmittelbar dadurch auswirkt, dass wir stärker motiviert sind und produktiver arbeiten. Zu diesen Substanzen gehört etwa Kokain.

Die billigere, legale und vor allem gesunde Alternative zum Kokain ist das Lob: Es führt dazu, dass unser Körper Opiate ausschüttet, die sogenannten Endorphine. Unser Belohnungszentrum wird aktiviert; es setzt ein Rausch ein, der uns bei der Arbeit beflügelt und die Leistungsbilanz unserer Abteilung in die Höhe treibt.

So positiv das Lob wirkt, so negativ wirkt das Schweigen: Wenn wir auf unsere Arbeit kein Lob – oder noch schlimmer, aber leider nicht seltener: überhaupt keine Reaktion – erhalten, dann müsste die fehlende Konditionierung eigentlich dazu führen, dass wir die Arbeit einstellen. Wir wiederholen nur das, wofür es Leckerlis gibt; in diesem Punkt funktionieren wir nicht anders als unser Haustier.

Aber Sie können die Arbeit nicht einfach einstellen, denn der Arbeitsvertrag verpflichtet Sie ja dazu, zu arbeiten! Ihr Chef fordert und erwartet also etwas von Ihnen – aber wenn Sie seine Erwartungen erfüllen, bekommen Sie keine Reaktion von ihm. Sie werden dann unsicher und beginnen, an sich selbst zu zweifeln: »Was habe ich denn falsch gemacht?« Sie fühlen sich hilflos und unsicher. Die Motivation schwindet. Und wie Sie sich ein vielleicht winziges Lob oft für den Rest Ihres Lebens merken, so vergessen Sie auch die winzige Kritik nicht mehr.

90 Prozent der Arbeitgeber wissen um diese Zauberkraft des Lobes, fand die Unternehmensberatung Weissmann & Cie. in einer Umfrage heraus. Trotzdem wenden Chefs das Zaubermittel Lob nur selten an – und meist eben viel zu spät, wie in unserer Beispielsgeschichte. Und ein zu spätes Lob wirkt sich auf das Arbeitsverhältnis aus wie gar kein Lob. Von der »Lobwüste Deutschland«, von einer »Loblücke« sprach Bernhard Borgeest daher in einer Titelgeschichte des *Focus*, die er »Richtig loben!« nannte.

Nicht zu Unrecht: Die Jobbörse Stepstone hat unter dem Titel *Is Your Work Important?* eine Umfrage unter mehr als 10 000 Europäern durchgeführt. Sie fragte: »Ist Ihre Arbeit bedeutungsvoll?« In Deutschland waren sich nur 28 Prozent der Befragten sicher, dass ihre Arbeit wertgeschätzt wird. Doppelt so viele, nämlich 56 Prozent, glaubten hingegen nicht, dass der Arbeitgeber ihre Arbeit schätzt. Vielleicht am traurigsten ist sogar, dass immerhin 16 Prozent mit »Ich weiß nicht« antworteten – ihnen bietet der Chef keine Reaktion, an der sie auch nur im Entferntesten ablesen könnten, wie er mit ihrer Arbeit zufrieden ist. Deutschland ist damit der Spitzenreiter der ungeschätzten Arbeit, und zwar mit riesigem Abstand. Auf Platz 2 folgt Schweden – dort gaben »nur« 31 Prozent zu Protokoll, keine Wertschätzung für ihre Arbeit zu erfahren.

In einer Umfrage der Initiative Neue Qualität der Arbeit, unterstützt von Bund und Ländern, gaben 61 Prozent der Befragten sogar an, »nie oder selten Anerkennung für ihre Arbeit zu erfahren«. Und eine Studie der Hans-Böckler-Stiftung belegt, dass sich etwa 60 Prozent der Deutschen im Beruf nicht ausreichend gewürdigt sehen. Um es mit dem O-Ton eines Vorgesetzten zu sagen, mit dem wir für dieses Buch sprachen: »Wer sich Dankbarkeit wünscht, soll sich einen Hund zulegen!«

Und auch wir haben bei unseren Recherchen für dieses Buch praktisch keine Mitarbeiter gefunden, die nicht über mangelnde Anerkennung klagten.

Woran liegt das?

## Ein Brief in den Ruhestand

Nun, schauen wir uns an, was der Chef seinem ehemaligen Mitarbeiter Herrn Rente auf seinen Brief geantwortet hat. Folgenden Brief hat er ihm in den Ruhestand geschickt:

*Mein lieber Herr Rente,*

*Ihr Brief hat mich dann doch sehr, sehr nachdenklich gemacht. Und auch ein wenig traurig. Ich habe einiges verstanden: Dass Sie offenbar gern häufiger von mir gehört hätten, dass Sie sich vernachlässigt vorkamen.*
*Aber Sie haben mich doch auch ein bisschen überrascht. Konnten Sie ernsthaft daran zweifeln, dass ich mit Ihrer Arbeit zufrieden war? Meinen Sie nicht, ich hätte Ihnen sonst längst einmal polternd die Leviten gelesen, anstatt Sie 23 Jahre lang bei uns zu beschäftigen? Glauben Sie mir: Wenn mir etwas nicht gefällt, dann sage ich das meinen Mitarbeitern schon! So wie zum Beispiel die Sache mit dem Brief, den Sie damals falsch formatiert hatten. Dass Sie mir das nach so langer Zeit vorhalten, ist sehr schade. Sie haben da einen ziemlich unbedeutenden Fehler gemacht, den ich schon am nächsten Tag wieder vergessen hatte. Aber ein*

Fehler war es natürlich trotzdem! Wollen Sie denn sagen, dass ich meine Mitarbeiter nicht auf Fehler hinweisen darf, nur weil sie sonst eingeschnappt sein könnten? Soll ich bei jedem Fehler einfach eine Beruhigungstablette nehmen und die Augen schließen? Dann wäre mein Unternehmen binnen vier Wochen am Ende.

Ich finde auch nicht, dass ich wenig lobe. Im Gegenteil! Ich sage meinen Mitarbeitern regelmäßig, wenn sie etwas gut gemacht haben. Gerade diese Woche habe ich zweimal ausdrücklich die Leistungen von Mitarbeitern gewürdigt: Frau Pöhlmeyer vom Marketing habe ich in der Teamsitzung vor allen anderen gesagt, dass ihr die neue Firmenbroschüre ganz wunderbar gelungen ist. Und Frau Kleinschmidt habe ich in ihrem Büro aufgesucht und mich persönlich bei ihr für die tolle Präsentation bedankt, die sie für mich vorbereitet hat.

Natürlich kann ich das nicht jeden Tag bei allen Mitarbeitern so machen. Jeder der 300 Leute in unserem Team leistet jeden Tag einen wichtigen Beitrag zum Erfolg unseres Unternehmens. Natürlich hätte jeder dafür auch jeden Tag eine persönliche Anerkennung verdient. Aber, mein lieber Herr Rente, wenn Sie sich »nur drei Minuten« persönliche Zuwendung in Ihrem Büro wünschen, dann dürfen Sie folgende Rechnung nicht vergessen:

3 Minuten x 300 Mitarbeiter         =    900 Minuten
   plus:
300 x 1 Minute (Weg von Büro zu Büro) =  300 Minuten

   Macht insgesamt:                  =  1 200 Minuten

20 Stunden würde es mich kosten, jedem Mitarbeiter nur drei Minuten persönliche Aufmerksamkeit am Tag zu schenken! Ich hätte jeden Tag noch vier Stunden Zeit, um zu schlafen - und gar keine mehr, um selbst zu arbeiten. Ich weiß, dass jeder Mitarbeiter diese Aufmerksamkeit verdient hätte. Aber Sie müssen zugeben: Unser Laden würde zusammenbrechen, wenn ich das so handhaben würde. Manchmal erlaubt es uns der Alltag einfach nicht, das zu bekommen, was wir eigentlich verdienen.

Schließlich dürfen Sie auch eines nicht vergessen: Das Gehalt, das Sie bekommen, ist auch eine Anerkennung! 23 Jahre lang habe ich Ihnen Monat für Monat Geld für Ihre Arbeit überwiesen. 23-mal habe ich Ihnen Urlaubsgeld bezahlt und 23-mal Weihnachtsgeld. Auch in schlechten Jahren, als ich mein Unternehmen durch stürmische Fahrwasser zu steuern hatte und hierfür ganz allein das volle Risiko trug. In all den 23 Jahren haben Sie sich nicht ein einziges Mal auch nur drei Sekunden Zeit genommen, um mir dafür »Danke« zu sagen.

Gefreut hätte ich mich darüber auch.

Mit dankbaren Grüßen
Ihr Ex-Chef

## Lobwüste Deutschland

So manche Ursache für die »Lobwüste« können wir diesem Schreiben entnehmen. Zum einen liegt da oft einfach ein großes Missverständnis in der Luft.

Der Chef meint: »Solange ich nichts an der Arbeit meiner Leute aussetze, wissen sie doch, dass ich zufrieden bin.«

Der Mitarbeiter denkt: »Solange ich keine positive Rückmeldung bekomme, passt es ihm offenbar nicht. Wenn ich gar nichts höre, hat er meine Arbeit wahrscheinlich gar nicht angeschaut. Ich hätte mir das alles auch sparen können, meine Stelle hier ist reine Beschäftigungstherapie.«

Es baut sich dann ein ähnliches Missverständnis auf wie in einer Ehe, in welcher ein Partner glaubt, solange er sein bei der Hochzeit gesagtes »Ich liebe dich« nicht ausdrücklich widerrufe, könne der andere davon ausgehen, dass sich an diesem Zustand auch nichts geändert hat. Welche Folgen ein solches Missverständnis für die Beziehung haben kann, mussten Sie vielleicht schon am eigenen Leib erfahren. Jedenfalls kann es sich jeder lebhaft ausmalen.

Und so ist es auch bei der Arbeit.

Ein Missverständnis verursacht nun immer derjenige, der es in der Hand hat, sich klar auszudrücken. Und derjenige kann es auch beheben. In diesem Fall ist das der Chef. Denn ein Schweigen bringt natürlich nicht zwingend zum Ausdruck, dass die Arbeit gut angekommen ist, dass sie *überhaupt* angekommen ist. Ein Schweigen kann eben tatsächlich auch bedeuten, dass der Chef nicht zufrieden war – oder dass er die Arbeit im schlimmsten Fall wirklich gar nicht zur Kenntnis genommen hat. Der Mitarbeiter ist also zu Recht verunsichert, denn er kann das Schweigen nicht alleine deuten.

Das zweite Problem ist die Perspektive. Im zweiten Kapitel haben wir schon den Führungsschlüssel kennen gelernt, der auch hier bedeutsam ist: Wenn der Chef zweimal pro Woche jemanden lobt, dann hat er selbst den Eindruck, er lobte seine Mitarbeiter regelmäßig. Handelt es sich wie in unserem Beispiel aber um 300

Mitarbeiter, dann bekommt jeder von ihnen alle drei Jahre einmal ein Lob ab. Aus Sicht des Mitarbeiters lobt der Chef dann praktisch nie. Etwas entschärfter, aber im Prinzip gleich, ist das Problem, wenn eine Abteilung »nur« 13 statt 300 Mitarbeiter hat. Hier hilft wieder nur eines: Sich öfter mal in die Situation des anderen zu versetzen.

## Was Chefs tun können

Liebe Chefs, alle Ihre Mitarbeiter sind individuelle Menschen. Und das Bedürfnis nach Anerkennung ist in das menschliche Betriebssystem tief eingebrannt. In *jedes* menschliche Betriebssystem. Dieser Wunsch ist berechtigt, denn jede und jeder von uns ist ein Individuum. Wir wünschen uns, dass man bewusst wahrnimmt, was wir tun, und dass wir eine Rückmeldung für unser Tun bekommen, am liebsten natürlich ein Lob.

## Machen Sie den Postboten-Test

Allerdings, liebe Mitarbeiter, dürfen Sie auch die Anforderungen an eine Reaktion nicht überspannen. Denken Sie an die x-mal-drei-Minuten-Rechnung. Oder noch besser – machen Sie den Postboten-Test in Ihrem eigenen Alltag.

> *Frage:* Welche Menschen haben gestern Ihr Leben gekreuzt und für Sie gearbeitet? Wen davon haben Sie persönlich in seiner Leistung wahrgenommen, ihm gedankt, ihn gar gelobt?

1. Den Postboten
2. Den Busfahrer
3. Die Bedienung im Restaurant
4. Den Koch in der Betriebskantine
5. Den Kassierer im Supermarkt
6. Weitere Personen

»Wie bitte?«, fragen Sie sich jetzt vielleicht. »Was haben diese Leute denn groß getan?«

Nun, der Briefträger zum Beispiel hat Ihre Post zum richtigen Haus gebracht, in den richtigen Briefkasten eingeworfen.

»Das ist doch selbstverständlich«, denken Sie. »Dafür wird er schließlich bezahlt.«

Dabei ist es eben nicht selbstverständlich. Es gehen auch jeden Tag Briefe verloren. Nur wenn und weil viele Menschen jeden Tag eine gute Leistung erbringen, findet ein Brief seinen Weg von einem Ort der Welt zum anderen, oft über viele Tausend Kilometer und in einem Meer von Millionen anderen Briefen. Und wenn Sie einmal einen Tag an einer Kasse oder am Steuer eines Busses säßen, dann wüssten Sie: Dass man immer korrektes Wechselgeld herausgibt oder die Fahrgäste sicher von A nach B bringt, ist alles andere als selbstverständlich.

All diese Menschen haben das gleiche Bedürfnis nach Anerkennung wie Sie. All diese Menschen arbeiten für Sie vielleicht genauso gut wie Sie für Ihren Chef– aber Sie nehmen diese Menschen oft genug noch nicht einmal richtig als Menschen wahr. Wie hieß noch gleich der Kassierer an der Supermarktkasse? Sein Name stand auf einem Schild.

All diese Menschen gehen am Abend nach Hause und sagen sich:

»Niemand weiß meine Arbeit zu schätzen.«

## Was Mitarbeiter tun können

Das ist kein Vorwurf an Sie. Im Gegenteil. Wir möchten Ihnen zeigen, dass es gar nicht anders geht: Es gibt auf der Welt derzeit mehr als 6,6 Milliarden Menschen. Jeder von uns ist einzigartig, ein Individuum. Keiner von uns ist Massenware. Aber trotzdem sind wir insgesamt eben doch eine ganz schön große Masse, die sich jeden Tag erneut in Bewegung setzt und privat und beruflich weitgehend Routinetätigkeiten erledigt. Der Alltag ist größtenteils ein Massengeschäft, im Job wie im Privatleben. Er funktioniert in weiten Teilen überhaupt nur, weil er als Massengeschäft organisiert ist. Dass im Alltag jeder dieser 6,6 Milliarden Menschen die Anerkennung, Wahrnehmung, Rückkopplung und Wertschätzung erhält, die er eigentlich als Individuum verdient hat – das ist leider ganz und gar nicht praktikabel. Wir haben jeden Tag beruflich und privat mit so vielen Menschen zu tun, dass wir standardisierte Umgangs- und Handlungsformen entwickelt haben. Aber: Damit müssen auch wir selbst leben! Egal, was und wo wir arbeiten – wir werden immer einer unter vielen sein, Teil eines Alltags, der nun einmal ein Massengeschäft ist und auch so organisiert wird, um überhaupt zu funktionieren. Wir werden Aufmerksamkeit immer mit anderen teilen müssen.

Es ist bitter, nur einer unter vielen zu sein. Als kleinen Trost dürfen wir Ihnen sagen, dass alle Menschen an diesem Problem zu knabbern haben – völlig egal, wo sie in der Hierarchie stehen, wie erfolgreich oder bekannt sie sind. Die *Frankfurter Allgemeine Zeitung* berichtete in einer Sonderausgabe zur Buchmesse 2008 unter dem Titel »Der peinlichste Auftritt« über einen Menschen, der nachts im Hotel Frankfurter Hof seinen Kopf in eine ihm fremde Redaktionsrunde gesteckt und sich beklagt habe: »Von Ihrer Zeitung wird man ja gar nicht wahrgenommen.« Es habe sich dabei um einen bekannten Kabarettisten und Autor gehandelt. Sein Buch stand zu dem Zeitpunkt seit vielen Wochen ganz vorne auf den Bestsellerlisten, er tritt im Fernsehen und vor Tausenden von Menschen auf. Er hat viel erreicht, bekommt im Vergleich zu den meisten anderen Menschen ein Vielfaches an Anerkennung – und war doch zutiefst gekränkt darüber, dass *eine* Zeitung offenbar noch nichts über ihn berichtet hatte. Das ist zutiefst menschlich – und zeigt uns, dass wir mit unserem Empfindungen nicht allein sind.

Zu guter Letzt wollen wir noch einen kurzen Blick auf den letzten Absatz werfen, den Herr Rentes Chef ihm in seinem Brief in den Ruhestand geschrieben hat. Er schreibt dort, dass auch er gern einmal gelobt würde. Viele Mitarbeiter vergessen oft: Ihrem Chef geht es nicht anders als ihnen selbst. Der ist nämlich in den meisten Fällen auch nur ein normaler Mitarbeiter, der seinerseits wieder einen Chef über sich hat und mit ganz ähnlichen Problemen kämpft wie Sie selbst.

Aber noch viel wichtiger ist: Er ist auch nur ein Mensch und hat grundsätzlich die gleichen Bedürfnisse wie wir alle. Dazu gehört das Bedürfnis nach Anerkennung ebenso wie bei allen Menschen. Dass Sie jeden Monat Ihr volles Gehalt überwiesen bekommen, manchmal noch ein besonderes Weihnachtsgeld oder andere Leistungen – das mögen Sie als selbstverständlich betrachten. Ist es aber nicht. Es gibt viele Fälle, in denen Mitarbeiter – aus ganz unterschiedlichen Gründen – leider nicht ihr volles Gehalt auf dem Konto vorfinden, geschweige denn ein Weihnachtsgeld oder Ähnliches. Weil es dem Unternehmen schlecht geht, zum Beispiel. Dass Ihr Chef Ihnen gegenüber regelmäßig eine einwandfreie Leistung erbringt – seine Leistung an Sie besteht ja in erster Linie im Gehalt –, ist also genauso wenig selbstverständlich wie der Umstand, dass Sie Ihre Arbeit regelmäßig ordentlich erledigen.

Wenn Sie für Ihre Leistung einen Dank erwarten, dann dürfen Sie auch für die empfangene Leistung ruhig einmal einen Dank absenden.

Aber auch hier geht es nicht nur um Dank und Lob. Auch Ihr Chef möchte mit dem, was er ist und tut, als individueller Mensch wahrgenommen werden. Wie bewusst nehmen Sie wahr, was er alles den ganzen Tag über tut? Wie signalisieren Sie ihm, *dass* Sie es wahrnehmen? Im Zweifel knausert sein eigener Vorgesetzter auch mit Lob – und Ihr Chef erhält keine Anerkennung dafür, wenn er etwas gut gemacht hat. Nichts spricht dagegen, liebe Mitarbeiter, dass auch Sie Ihrem Chef signalisieren, wenn er Sie mit etwas beeindruckt hat.

Das Gleiche gilt auch für den Umgang mit den Kollegen. Es ist absolut erlaubt, sich auch auf gleicher Ebene gegenseitig anzuerkennen. »Ich fand das sehr treffend, was du heute Morgen in der Sitzung gesagt hast.« Eine fruchtbare Anerkennungskultur können wir nur alle gemeinsam schaffen. Probieren Sie's aus.

## Die x-mal-drei-Sekunden-Rechnung

Wie können wir nun aus diesen Erkenntnissen einen gesunden Mittelweg ableiten? Wir machen aus der x-mal-drei-Minuten-Rechnung eine x-mal-drei-Sekunden-Rechnung.

### Wie beide Seiten gewinnen

Sie, liebe Chefs, streichen den Grundsatz »Nicht geschimpft ist auch gelobt« ebenso aus Ihrem Kopf wie den Glauben, Ihre Mitarbeiter könnten Ihre Gedanken lesen. Sie denken daran, dass am anderen Ende ein Mensch wie Sie selbst sitzt, der wissen will,

- ob Sie ihn wahrnehmen,
- ob seine Arbeit Sie erreicht hat,
- ob seine Arbeit Sie zufrieden gemacht hat.

Wenn Ihnen dieser Mitarbeiter zum Beispiel per E-Mail ein Arbeitsergebnis schickt, dann ist das Mindeste, was er mit Fug und Recht erwarten kann, eine Reaktion wie diese: »Besten Dank, alles in Ordnung.« Das kostet Sie drei Sekunden. Selbst wenn Sie, was dann doch unwahrscheinlich ist, jeden Tag von 300 Mitarbeitern Arbeitsergebnisse bekommen, sieht die obige Rechnung nur noch so aus:

300 × 3 Sekunden = 900 Sekunden = 15 Minuten

Und 15 Minuten am Tag, um Ihren Mitarbeitern zu zeigen, dass sie wahrgenommen werden, um sie im richtigen Verhalten zu bestärken – diese Investition ist wahrlich nicht zu groß.

Und Sie, liebe Mitarbeiter, lernen bitte, diese Form der Anerkennung als die im Alltagsgeschäft meist einzig praktikable Form ebenfalls, nun ja: anzuerkennen. Wenn Ihnen das nicht reicht und Sie meinen, der Chef müsste Ihnen für jeden Handgriff ein Denkmal setzen – dann nehmen Sie ganz schnell den Postboten-Test von Seite 118 f. zur Hand und beantworten noch einmal die Fragen.

### Ein kostenloser Wundersatz

Bedeutet »Anerkennung« nun immer das große Lob? Beileibe nicht! Ganz im Gegenteil – Untersuchungen zeigen, dass allzu häufiges und allzu überschwängliches Loben manchmal genau das Gegenteil dessen bewirkt, was wir oben beschrieben haben: Der Gelobte nimmt es als unaufrichtig wahr, als leichtfertig verteilt. Das Lob verliert dann an Wert; der Gelobte kommt sich nicht ernst genommen vor. Man nennt einen solchen kontraproduktiven Effekt des Lobs das »Meyer-Paradigma«. Der Psychologe Wulf-Uwe Meyer hat ihn in Experimenten mit Schülern nachgewiesen: Je mehr Lob die Schüler auch für einfache Arbeiten bekamen, desto mehr glaubten sie, ihr Lehrer halte sie für dumm.

Auch nutzt das Lob sich dann schnell ab, wie der Neurobiologe Gerald Hüther in der *Frankfurter Allgemeinen Zeitung* erklärt: »Auch die Belohnungen müssen im Lauf der Zeit größer werden. In diesen Belohnungsspiralen reiben sich viele Führungskräfte auf.«

In diese Spirale brauchen wir uns aber erst gar nicht zu begeben. Anerkennung bedeutet im Kern einfach nur: dem anderen zeigen, dass man ihn und das, was er tut, wahrnimmt. Dass man ihn als individuellen Menschen mit individuellen Bedürfnissen bemerkt. In der Psychologie sprechen wir daher auch vom »beschreibenden Loben«. Es besteht darin, dass wir jemanden bei guten Leistungen »ertappen« und auf frischer Tat »zur Rede stellen«. Das kann ein kurzer Satz auf dem Flur sein: »Ich habe gesehen, wie geschickt Sie diese verzwickte Kundenreklamation gelöst haben, Frau Schwalbe.« Dieser magische Satz sollte jedem leicht über die Lippen gehen. Er lässt sich ebenfalls in drei Sekunden sagen und passt deshalb hervorragend in unsere x-mal-drei-Sekunden-Rechung.

Am glaubhaftesten kann ein indirektes Lob sein: Die Chefin sagt den Satz nicht direkt zu Frau Schwalbe, sondern bemerkt in der Kaffeeküche gegenüber Herrn Kleiber: »Frau Schwalbe hat das ja prima gelöst.« Meinen Sie, Frau Schwalbe bekommt das zugetragen? Darauf können Sie wetten! Alles, was die Chefin irgendwo über irgendjemanden sagt, wird weitergetragen. Das gehört zu den sichersten Regeln jeder Unternehmenskultur. Und Frau Schwalbe wird sich ganz besonders über dieses indirekte Lob freuen, da es noch weniger im Verdacht steht, nur ein Höflichkeitslob zu sein.

Anerkennung kann auch darin bestehen, dass der Chef dem Mitarbeiter eine besondere, anspruchsvolle Aufgabe zutraut – und ihm damit signalisiert, dass er bestimmte Stärken bei dem Mitarbeiter wahrgenommen hat. Oder dass er der alleinerziehenden Mutter ein bisschen flexiblere Arbeitszeiten einräumt – und ihr damit zeigt, dass er sie nicht als Standard-Personalnummer, sondern als Unikat mit individuellen Lebensumständen wahrnimmt. Der Wunsch nach flexibler Arbeitszeit ist im tiefsten Herzen der Wunsch, als ein Mensch, ein Individuum wahrgenommen zu werden. »Jeder Mensch möchte bedeutsam sein«, fasst die Arbeitsmedizinerin Susanne Wolf diesen tiefen Wunsch in der *Frankfurter Allgemeinen Zeitung* zusammen.

Aber Vorsicht: Auch hier dürfen wir den Perspektivwechsel nicht vergessen! Wenn wir alle den Chef bitten, mittags vom Home Office aus arbeiten zu dürfen, würde der Bürobetrieb wahrscheinlich zusammenbrechen. Auch unsere individuellen Bedürfnisse schwimmen eben nur mit im riesigen Meer der Bedürfnisse der Menschen, mit denen wir uns das Leben auf dieser Welt teilen. Und können deshalb auch nur eine begrenzte Ration an Aufmerksamkeit erwarten.

Auch die kurze, aber regelmäßige Rückmeldung auf Arbeitsergebnisse, wie wir sie oben beschrieben haben (»Besten Dank, bin zufrieden«), führt sicherlich nicht in eine destruktive Lobspirale. Aber sie schenkt einem Menschen die Beachtung, die er als Mensch verdient.

Nach diesem Abschnitt ist auch klar, warum ein allgemeines Lob wirkungslos verpufft. Wenn der Chef bei der Weihnachtsfeier »das gesamte Team zu der grandiosen Leistung im vergangenen Jahr« beglückwünscht – dann bewirkt er damit genau das Gegenteil dessen, was die Menschen brauchen: Denn er nimmt sie nicht als Individuen wahr, sondern als gleichartige Masse.

Aus demselben Grund taugt auch das Gehalt nur bedingt als Anerkennungsinstrument. Selbstverständlich ist ein hohes Gehalt auch ein Kompliment an den Mitarbeiter, das eine messbare Wertschätzung seiner Arbeit enthält. Aber die Geldauszahlung ist einfach auch zu standardisiert, als dass der Chef mit ihr signalisieren könnte: Ich bemerke dich und das, was du tust. Sie kann in ihrer Wirkung dem magischen – und sogar kostenlosen – Satz auf dem Flur nicht das Wasser reichen.

Alle paar Tage finden Sie in Zeitungen Studien, bei denen Mitarbeiter danach gefragt wurden, was ihnen bei der Arbeit wichtig ist. Achten Sie einmal darauf: Sie werden dort regelmäßig die »persönliche Anerkennung« als eigenständigen Faktor neben – und in der Rangfolge meist sogar noch vor – dem »angemessenen Gehalt« finden. Die gerechte Entlohnung, wie wir sie in Kapitel 1 besprochen haben, und die persönliche Wertschätzung ergänzen sich also gegenseitig – eins ohne das andere funktioniert nicht.

### Kritik? Aber bitte mit Sahne!

Doch nun genug des Lobs. Sie werden zugeben, liebe Mitarbeiter, dass Sie ja den lieben langen Tag nicht ausschließlich lobenswerte Heldentaten vollbringen. Wenn Sie – wie wir – ein Mensch aus

Fleisch und Blut sind, wird Ihnen hin und wieder auch mal ein klitzekleiner Fehler unterlaufen.

Und wie schaut es denn mit der negativen Form des Lobs aus, mit der Kritik? Kritik hören wir alle ja gar nicht gerne! Gerade als Mitarbeiter empfinden es viele als Zumutung, wenn sie sich den ganzen Tag abrackern und als Dank von der Chefin dann auch noch eins auf den Deckel bekommen. Meist wegen einer Kleinigkeit, wie sie es jedenfalls selbst empfinden.

Eine junge Frau aus der Marketingabteilung eines großen Unternehmens berichtete uns Folgendes:

»Die Website sollte komplett relauncht werden. Vier Monate lang habe ich viele Überstunden dafür gemacht. Oft saß ich bis in die Nacht hinein an Entwürfen, habe meinem Chef immer wieder neue Varianten präsentiert, bis er endlich mal zufrieden war. Ständig wollte er noch Kleinigkeiten ändern, und ich habe ihm jeden Wunsch erfüllt.

Dann kam der Tag X: Die neue Seite ging ins Netz. Eine Stunde später klingelte mein Telefon. Mein Abteilungsleiter bestellte mich in sein Büro. Ich dachte, nun könnte ich mir mein Lob abholen.

Aber was passierte stattdessen? Verärgert war er! Es gab einen Schreibfehler auf einer der zahlreichen Textseiten. Auf der Seite mit den Kundenreferenzen hatte ich bei dem Unternehmensnamen eines Kunden einen Bindestrich vergessen. Einen Bindestrich! Der Chef schnaubte. Wie wir uns mit so was blamieren würden, wenn wir nicht mal wüssten, wie man X-Y schreibt! Das solle ich sofort korrigieren und mich gefälligst in Zukunft vorher vergewissern, wie sich die Namen unserer Kunden schrieben...

Ziemlich bedröppelt ging ich in mein Büro zurück. Nach einem solchen unverschämten Angriff sinkt die Motivation auf null.

Und zwar für eine ganze Weile.«

Die Mitarbeiterin war eingeschnappt – und auf den ersten Blick kann das jeder gut verstehen. Was für eine Lappalie, so ein Bindestrich! Muss man daraus als Chef so eine Staatsaktion machen?

Wir baten die Mitarbeiterin, sich für eine Minute in die Lage ihres Chefs, des Abteilungsleiters, zu versetzen und folgende Frage zu beantworten. Und das bitten wir Sie, liebe Leserin, lieber Leser, jetzt auch:

***Frage:*** Wie hätten Sie in dieser Situation als Chef reagiert?

1. Ich hätte mich um den fehlenden Bindestrich nicht geschert, die Seite fehlerhaft gelassen und gewartet, bis der Kunde sich empört bei meinem eigenen Chef beschwert und der dann mir den Marsch bläst.

2. Der Fehler muss raus, das ist klar. Aber ich hätte meine Mitarbeiterin nicht kränken wollen und den Fehler daher still und heimlich selbst korrigiert.

3. Ich hätte der Mitarbeiterin gesagt: »Bindestrich hin oder her, das ist nicht schlimm. Unseren Kunden ist es egal, ob wir wissen, wie sich ihre Namen schreiben. Machen Sie es beim nächsten Mal ruhig auch wieder nach Gutdünken.«

4. Irgendwie anders.

Hand aufs Herz: Keine der Optionen 1 bis 3 ist wirklich praktikabel, oder? Wenn der Chef einen Fehler in der Arbeit seiner Mitarbeiter entdeckt, die er – nach oben und nach außen – wiederum selbst verantwortet, dann hat er ein legitimes Interesse daran, dass dieser Fehler beseitigt wird. Das gilt für kleine Fehler ebenso wie für große. Denn zum einen ist ein Fehler ein Fehler, und niemand soll gezwungen werden, selbst – gegenüber seinem eigenen Chef, gegenüber den Kunden – sehenden Auges Fehler zu präsentieren. Zum anderen sind manchmal auch kleine Fehler groß, wie das Beispiel zeigt. Der eigene Name gilt Menschen wie Unternehmen als ein Heiligtum. Fehlt hier ein Bindestrich, ist der

Kunde ganz schnell beleidigt und auf und davon. Auch ein »kleiner Zahlendreher« hat schon so manches Unternehmen ins Unglück gestürzt, ebenso eine »kurze Verspätung«.

Und der Chef hat nicht nur ein legitimes Interesse daran, dass der Fehler beseitigt wird, sondern auch daran, dass er sich möglichst nicht wiederholt. Das setzt zwangsläufig voraus, dass er den betreffenden Mitarbeiter auf den Fehler hinweist und ihn nicht nur still und heimlich hinter seinem Rücken selbst bereinigt. Ganz abgesehen davon, dass der Chef nicht mehr zu viel anderem käme, wenn er die Tage damit verbringen müsste, jeden Fehler eines Mitarbeiters eigenhändig auszubügeln. Wer es als Zumutung empfindet, auf einen Fehler aufmerksam gemacht zu werden, sollte sich die Alternativen aus dem Kasten oben an seine Büropinnwand hängen.

Was ist aber trotzdem schiefgelaufen in unserem Fall? Wie immer macht der Ton die Musik. Es ist völlig in Ordnung, wenn der Chef seinen Mitarbeiter auf einen fehlenden Bindestrich hinweist und ihn bittet, den Fehler zu korrigieren. Wenn der Mitarbeiter aber ansonsten mit viel Engagement eine großartige Leistung erbracht hat und der Chef hierüber kein Wort verliert – dann stimmt das Verhältnis einfach nicht. Vielen Chefs fällt es verdammt schwer, ihren Leuten ein Lob für eine Leistung auszusprechen, mit der sie zufrieden sind, solange es noch irgendetwas anderes gibt, mit dem sie nicht hundertprozentig zufrieden sind. Unter diesen Voraussetzungen wird man aber niemals jemanden loben können! Denn kein Mensch kann alles gleichzeitig perfekt machen. Dabei lässt sich das doch fein säuberlich trennen: »A haben Sie toll gemacht, bei B müssen wir noch etwas verbessern.«

Liebe Chefs, wenn Sie die Durchwahl Ihrer Leute nur kennen, wenn etwas schiefläuft, dann dürfen Sie sich nicht wundern, wenn Ihre Mitarbeiter Sie bald gar nicht mehr kennen. Wenn Sie aber Gutes wie Schlechtes gleichmäßig wahrnehmen und zur Sprache bringen, dann kann selbst Kritik eine Form der Anerkennung sein: Sie zeigt, dass die Arbeit Beachtung findet.

## Sechstes Gebot
## Du sollst Anerkennung anerkennen

### Für Brötchen-Geber:

Du sollst nicht toter Mann spielen, sondern Rückmeldungen geben und Leistung anerkennen.

### Für Brötchen-Nehmer:

Du sollst akzeptieren, dass die Ration an Aufmerksamkeit und Anerkennung im Arbeitsalltag begrenzt ist und du nicht für jeden Handgriff ein Denkmal erwarten kannst.
Ständig erwartest du Dank von deinem Chef – aber wann hast du dich zuletzt bei ihm für etwas bedankt?

# Siebtes Gebot
## Du sollst nicht die Brüder Grimm sein

Anfang Oktober, im Büro Ihres Chefs.

»Aber, aber! Mein lieber Herr Schulte, was machen Sie denn für Dummheiten!« In echter Empörung schüttelt Schnappi den Kopf, während er über den tiefen, flauschigen Teppich auf- und ab tigert, den er erst letzte Woche mit viel Tamtam in seinem Büro hat verlegen lassen. »Wir brauchen Sie doch hier!«

Theatralisch dreht er sich auf der rechten Ferse um, die dabei einige Zentimeter im Teppich versinkt und ihn eine gute Portion seines Gleichgewichts kostet. Während er sich gerade noch rechtzeitig am Besprechungstisch wieder auffängt, fährt er fort: »Und wir haben noch einiges mit Ihnen vor. Wenn Sie verstehen, was ich meine...«

»Äh... Sie meinen...«, kommt es Ihnen nicht gerade souverän über die Lippen.

»Genau, mein lieber Schulte, das meine ich!«, tönt Ihr Chef im Stakkato, während er sein Sakko wieder glattzieht. »Mensch, nun seien Sie doch nicht so schwer von Begriff! Dieses Projekt da, Berlin und so, auf das Sie schon so lange scharf sind: Im Januar werden wir es endlich angehen!«

Er setzt sich an seinen Schreibtisch und schaut plötzlich ernst: »Und ich habe sichere Signale aus der Geschäftsleitung, dass *Sie* unser Mann in Berlin sein werden.«

Nach einer kurzen dramatischen Pause wie aus dem Rhetoriklehrbuch fügt er hinzu:»Und ich habe *noch* sicherere Signale, dass für die neue Stelle ein außerordentlich hübsches Budget bereitstehen wird. Nicht nur Ausstattung, auch Gehalt und so, wenn Sie verstehen, was ich meine. Einige Extras kann man sich da vorstellen. Nächstes Jahr können Sie Ihrer Frau zum Hochzeitstag mal wieder eine richtige Freude machen – wir werden ja alle nicht jünger, da kommt es auf solche kleinen Aufmerksamkeiten langsam an, mein lieber Herr Schulte. Wenn Sie verstehen, was ich meine…«

»Natürlich, Chef, natürlich. Sie meinen also, dass ich…« wiederholen Sie sich, weil Ihnen nicht viel Besseres einfällt.

»Genau, Schulte!«, schnaubt Schnappi nun in sehr bestimmtem Ton und bereits mit Blick Richtung Tür.»Ich meine, dass Sie diesen Quatsch da ganz schnell vergessen sollten.«

### Was die Gin-Tonic-Kollegin mit Ihrer beruflichen Zukunft zu tun hat

Nachdenklich gehen Sie zurück in Ihr Büro.»Dieser Quatsch da« hatte gar nicht schlecht geklungen:»Eine Tätigkeit mit großem Gestaltungsspielraum in einem jungen, dynamischen Team«, hatte in der Stellenanzeige der Konkurrenz gestanden,»leistungsgerecht« sollte diese»herausfordernde Tätigkeit« bezahlt sein. Und das Wichtigste: In Berlin wäre die Stelle gewesen! Dort, wo Ihre Familie gerne mal ein paar Jahre verbringen würde. Nachdem aus Ihrer Beförderung ja schon einmal nichts geworden war, hatten Sie sich heimlich bei der Konkurrenz beworben, in zwei Vorstellungsgesprächen einen guten Eindruck gemacht – und tatsächlich ein Angebot bekommen, und zwar ein erstklassiges.

Stolz hatten Sie das nun Ihrem Chef erzählt, wollten eigentlich kündigen – er würde das sicher verstehen, denn eine solche Chance bekommt man nicht alle Tage. Jeder will sich weiterentwickeln, das hatte er selbst immer gesagt …

Doch dann das: Nun will man Sie offenbar in Ihrem jetzigen Unternehmen fördern, das neue Büro in Berlin aufbauen lassen. Wie oft hatten Sie schon Interesse an dieser Position bekundet! Aber Sie wussten ja nicht, ob man Ihnen das überhaupt zutraute. Nun also doch. Sie greifen zum Telefon – und sagen Ihr mühsam an Land gezogenes gutes Angebot bei der Konkurrenz ab.

Zwei Monate vergehen. Nichts geschieht.

Anfang Dezember sprechen Sie Ihren Chef bei einem Mitarbeitergespräch auf seine Zusage an. Bis zum neuen Jahr sei ja nicht mehr lange hin, und Sie müssten noch den Umzug …

»Schulte, haben Sie im Jahresendgeschäft wirklich nichts anderes im Sinn, als mich mit solchen Problemen zu behelligen? Das ganze Jahr über können Sie mit mir über so was reden und über alle anderen Sachen, die Ihnen auf dem Herzen liegen. Das wissen Sie! Aber doch nicht gerade jetzt, wo wir alle Hände voll zu tun haben noch vor Weihnachten …«

Noch vor Weihnachten hören Sie endlich den Satz, auf den Sie gewartet haben: »Berlin wird tatsächlich im Januar eröffnet!«

Das Problem: Sie hören diesen Satz nicht von Ihrem Chef. Sondern beiläufig in der Kaffeeküche, von einem Kollegen aus einer anderen Abteilung. Er hat die Nachricht eben von seinem eigenen Chef aufgeschnappt.

Auf der Weihnachtsfeier kommt es noch dicker. Nach nur vier Gin Tonic wird die Kollegin aus der Personalabteilung redselig. »Ach, Berlin, das sollte ja eigentlich schon viel früher sein. Aber es geht erst im Januar, weil der zukünftige Büroleiter sechs Monate Kündigungsfrist bei seinem derzeitigen Arbeitgeber hat …«

»Äh … Zukünftiger Büroleiter? Kündigungsfrist?«, stammeln Sie und reißen der Kollegin das Glas aus der Hand. »Ja, eigentlich darf ich das alles gar nicht erzählen«, kichert die Gin-Tonic-Kollegin. »Der hat bei uns ja schon im Juni unterschrieben. Der Chef war besonders stolz, weil er für den Job in Berlin einen der Top-Leute von der Konkurrenz abwerben konnte. Unser neues Berliner Büro ist in besten Händen!«

Vor Ihrem geistigen Auge lassen Sie noch einmal das Gespräch mit Ihrem Chef vom Oktober Revue passieren – und rechnen nach, seit wie vielen Monaten die Stelle schon besetzt war, als er sie Ihnen damals anbot. Mit einem schmallippigen »Verstehe« verlassen Sie die Weihnachtsfeier verfrüht. Anfang Januar wagen Sie es doch noch einmal, Ihren Chef mit dem Thema zu belästigen.

*Frage:* Mit welchem Satz reagiert Ihr Chef, wenn Sie ihn zur Rede stellen?

1. »Mir waren die Hände gebunden.«
2. »Wir werden schon einen tragfähigen Kompromiss finden.«
3. »Ich stehe voll und ganz hinter Ihnen!«
4. Eigentlich egal, was er sagt …

Richtig ist Antwort 4: Es ist eigentlich egal, was Ihr Chef nun sagt. Wer einmal ein Lügengebäude erbaut, muss es immer wieder mit neuen Lügen renovieren, damit es nicht auseinander fällt. Die Antwortfloskeln stammen fast alle aus dem Buch *Lügen in der Chefetage*. In diesem Buch haben die Autoren Schütz, Wirth und Bode 60 häufige Chef-Lügen gesammelt und nach »Haupt- und Nebeneinsatzgebieten« untergliedert. »Wir sitzen alle in einem Boot«, empfehlen die Autoren zum Beispiel hauptsächlich gegenüber Mitarbeitern, sehen aber auch Einsatzmöglichkeiten bei Gewerkschaften und Betriebsräten. Wenn die Chefs noch schnell

Solidarität bekunden wollen mit jenen, die sie gleich über Bord stoßen werden.

## Die Lügen der Chefs

Ein eigenes Buch über Lügen in der Chefetage – da staunen Sie, was? Wir auch. Es listet Floskeln auf, die jeden Tag tausendfach über chefliche Lippen kommen, die so vertraut und daher so harmlos klingen. Und die doch glatt gelogen sind.

»Mir sind die Hände gebunden, das Budget für nächstes Jahr ist schon völlig ausgeschöpft. Lassen Sie uns in einem Jahr noch einmal über eine Gehaltsanpassung sprechen«, heißt es da – obwohl im Budget durchaus noch Luft für ein paar Euro mehr wäre, wenn man nur wollte.

»Unser Unternehmen ist kerngesund, bei uns braucht keiner um seinen Arbeitsplatz zu fürchten«, klingt es feierlich bei der Weihnachtsansprache der Juniorchefin – obwohl die Kündigungsschreiben schon bereitliegen, um noch rechtzeitig vor Jahresende verschickt zu werden. Julia Bönisch beschreibt in ihrem Artikel »Kündigen mit Paukenschlag« auf *sueddeutsche.de*, wie immer häufiger intern Durchhalteparolen gepredigt werden, während die Mitarbeiter von ihren bevorstehenden Entlassungen in Internetforen erfahren.

»Ich kann mir gut vorstellen, dass Sie schon sehr, sehr bald mehr Verantwortung übernehmen«, wird der fleißigen Sachbearbeiterin im Personalgespräch Jahr für Jahr Hoffnung gemacht – obwohl in der Geschäftsleitung völlig klar ist, dass sie nur als günstige Arbeitskraft bei Laune gehalten werden soll. Hinter vorgehaltenem Blackberry amüsiert man sich über ihre Leichtgläubigkeit.

»Von Frau Winter mussten wir uns leider innerhalb der Probezeit trennen«, lesen Sie in der Mitarbeiter-Rundmail – obwohl die Spatzen aus den Kopierern pfeifen, dass Frau Winter selbst gekündigt hat, weil sie das Betriebsklima nicht so prickelnd fand. Nur Anfänger halten dabei noch persönlichen Kontakt zu Menschen, die sie belügen wollen. Eine Studie der Unternehmensberatung German Consulting Group fand heraus, dass Deutschlands Manager am besten und am fleißigsten elektronisch lügen: 81 Prozent der befragten Führungskräfte gaben an, sehr häufig oder häufig per SMS zu lügen – nur 7 Prozent beteuerten, noch nie Geschäftspartner oder Kollegen in einer SMS angeflunkert zu haben. In E-Mails und am Telefon lügt es sich kaum weniger leicht: Hier gaben 75 beziehungsweise 61 Prozent an, häufig oder sehr häufig Unwahres von sich gegeben zu haben. Und leicht lässt es sich auch durch die eigenen Mitarbeiter lügen: »Der Chef ist heute den ganzen Tag in Besprechungen ...«, bekommt die Sekretärin als Antwort aufgetragen, falls der lästige Kunde anruft und durchgestellt werden möchte.

Nun könnte man meinen, wir hätten uns ohnehin alle ans ständige Lügen und Belogenwerden gewöhnt – wo also ist das Problem?

In der Tat belegt eine Reihe von Studien, dass wir Menschen im Durchschnitt alle paar Minuten lügen, viel häufiger etwa, als wir uns die Zähne putzen oder etwas essen. Der amerikanische Psychologe Gerald Jellison hat herausgefunden: Während eines nur zehnminütigen Gesprächs belügen sich 60 Prozent aller Gesprächspartner bis zu dreimal! Dabei lügen 41 Prozent der Menschen, um sich aus einer Verantwortung heraus zu reden und keinen Ärger zu bekommen. 14 Prozent wollen sich das Leben leichter machen, 8 Prozent wollen durch eine Lüge beliebter werden. Und 6 Prozent sind einfach zu faul, um die Wahrheit zu sagen.

## Die Wahrheit als Mikado-Stab

In dem bereits erwähnten Buch *Mein Traum-Team* beschreibt Patrick Lencioni fünf Krankheiten, an denen die meisten Teams leiden und die ihnen die Produktivität rauben – an erster Stelle hat Lencioni die Krankheit »fehlendes Vertrauen« ausgemacht.

Für Vertrauen gibt es viele Definitionen. Der Journalist Frank Gerbert bringt deren Quintessenz im *Focus* auf den Punkt: »Im Kern handelt es sich um einen emotionalen Zustand, der es ermöglicht, an bestimmte (in der Regel positive) künftige Handlungen von Menschen zu glauben.« Und ein solcher emotionaler Zustand, so die Analyse Lencionis, kann umso schwerer entstehen, je mehr Angst wir davor haben, verletzt zu werden, verletzlich zu sein.

Und wie entsteht diese Angst? Eben dadurch, dass wir selbst wissen, dass wir verletzbare Menschen sind – unsere Umwelt uns aber nicht so behandelt. Dem Team fehlt dann das Vertrauen, und ohne Vertrauen arbeitet es nicht miteinander, sondern gegeneinander, bestenfalls nebeneinander.

Und nun, liebe Chefs, dürfen Sie dreimal raten, wie vertrauensfördernd es sich auswirkt, wenn Sie Ihre Mitarbeiter belügen. Die meisten Lügen kommen früher oder später ans Licht – weil immer geredet wird. Weil in jedem Unternehmen sehr, sehr viel geredet wird! Was auch immer im Unternehmen passiert, was der Chef sagt und tut, was Frau Soundso oder Herr Sonstwienoch gehört hat – alles wird ausführlichst diskutiert: auf dem Flur, in der Kaffeeküche, in Sitzungen. Und in jedem anderen Winkel eines jeden Unternehmens. Das ist so sicher wie der Kaffee in der Küche. Es ist naiv zu glauben, man könnte irgendein Lügengebäude ernsthaft auf Dauer aufrechterhalten. Also, liebe Chefs: Wer einmal lügt, der glaube nicht, dass später nicht die Wahrheit spricht!

Mit einer einzigen aufgeflogenen Lüge können Sie das Vertrauen Ihrer Mitarbeiter so nachhaltig zerstören, dass Sie es nur schwer wieder reparieren können. Und damit nicht weniger als die Produktivität Ihres Unternehmens. Gerade Lügen bei kleinen, eher unwichtigen Dingen wiegen dabei besonders schwer. Denn jeder fragt sich: Wenn der Chef schon für Kleinigkeiten die Wahrheit opfert – wie viel mag sie dann wert sein, wenn erst wirklich etwas auf dem Spiel steht?

Schauen wir uns die Querverbindungen ein wenig genauer an. Die Wahrheit hat eine ganz zentrale Bedeutung gleich für mehrere der zehn Gebote in diesem Buch. Lassen Sie des Gelesene noch einmal Revue passieren und denken Sie beim Weiterlesen an die Schlüsselfunktion eines wahrhaftigen Verhaltens:

- Wo gelogen oder verschwiegen wird, soll etwas verheimlicht werden – das hatten wir schon ganz am Anfang dieses Buches, als es um Gehalt und Gerechtigkeit ging. Die Lüge nährt den Verdacht, dass jemand ungerechte Zustände vertuschen will (siehe Erstes Gebot).
- Eine Lüge kann noch schlimmer sein als ein Schweigen, denn der Belogene wiegt sich zunächst in falscher Sicherheit. Ein lügendes Orakel kann also noch mehr Schaden anrichten als ein schweigendes: Wenn Sie selbst falsche Informationen streuen, die sich dann zwangsläufig mit Gerüchten, Spekulationen und früher oder später mit der Wahrheit mischen – dann brauchen Sie sich nicht darüber zu wundern, dass bald keiner im Unternehmen mehr weiß, wo es eigentlich langgehen soll (siehe Drittes Gebot).
- Lügen können sich von heute auf morgen ändern, denn sie sind Fantasiegeschichten – wer lügt, ist endgültig unberechenbar (siehe Viertes Gebot).

▪ Anerkennung bedeutet vor allem, jemanden als Individuum wahrzunehmen und zu schätzen. Wenn Sie jemanden belügen, bringen Sie zum Ausdruck, dass er es nicht wert ist, die Wahrheit zu wissen. Damit bringen Sie Verachtung zum Ausdruck, nicht Anerkennung (siehe Sechstes Gebot).

▪ Dass Lüge und Loyalität nicht zusammenpassen, versteht sich von selbst (siehe Achtes Gebot).

▪ Wer einen anderen belügt, behandelt ihn als Spielball, als steuerbares Objekt – nicht als Menschen (siehe Neuntes Gebot).

▪ Gute Lügner wirken überzeugend, weil sie sich so in ihre Lüge hineinsteigern, dass sie selbst zumindest zeitweise daran glauben. Wer aber die Realität verdreht, der kann auch keine Dankbarkeit mehr für diese Realität empfinden (siehe Zehntes Gebot).

Merken Sie, wie die Wahrheit in fast alle anderen Themen hineinspielt? Wie sie oft der entscheidende Mikado-Stab ist, den man nicht herausziehen kann, ohne dass alles andere zusammenbricht, ohne dass gleichzeitig auch andere zentrale Gebote eines gedeihlichen Arbeitslebens mit Füßen getreten werden?

### Was Chefs tun können

Grund genug, niemals zu vergessen, dass das zarte Pflänzchen Wahrheit ein bisschen Aufmerksamkeit und Pflege braucht. Was können Sie tun, um auch im hektischen Alltag an den wichtigen Mikado-Stab erinnert zu werden?

Wir haben ein paar Möglichkeiten zusammengetragen:

1. Stellen Sie sich ein Buch mit Grimms Märchen auf den Schreibtisch, direkt vor sich, neben den PC-Bildschirm – wo Sie es je-

des Mal sehen, bevor Sie eine der besonders lügenanfälligen
E-Mails schreiben. Nichts gegen die Grimmschen Märchen!
Die guten Brüder erlangten mit ihren Märchen Weltruhm, und
ihre handschriftlichen Aufzeichnungen hat die UNESCO im Jahr
2005 zum Weltdokumentenerbe erklärt. Nur: Als gute Chefs
sind die Grimms nicht beleumundet. Denn gute Chefs erzählen
keine Märchen. Das schöne Werk, in dem Sie vielleicht sogar
in mancher Mittagspause schmökern können, soll Sie stets daran erinnern.

2. Etwas deutlicher wird es, wenn Sie sich die besten Unternehmens-Märchen aus diesem Buch kopieren oder auf www.wenn-
der-chef-nervt.de herunterladen und an die Pinnwand heften.

**Die fünf beliebtesten Unternehmens-Märchen**

1. Rotkäppchen und die Gehaltserhöhung
2. Schummelstilzchen
3. Schneewittchen und die sieben Kündigungen
4. Sternmaler
5. Rapunzel, lass deinen Sparplan herunter

3. Wenn Sie lieber Bilder mögen: Hängen Sie sich eine Karte der
schönen Deutschen Märchenstraße ins Büro. Niemand wird
Ihre kleine Gedächtnisstütze durchschauen. Die Deutsche Märchenstraße verläuft zwischen Hanau und Bremen, entlang aus-
gesuchter Orte, die eine Verbindung zu Märchen haben. Zwischen Kassel und Höxter kann man zwischen der Frau-Holle-
Route und der Dornröschen-Route wählen. Denken Sie daran,
dass die Deutsche Märchenstraße immer einen sonntäglichen
Ausflug mit den Kindern wert ist – als Unternehmensadresse
aber taugt sie nicht.

Die deutsche
Märchenstraße

Buxtehude

Bremen

Nienburg

Hannover

Schummelstilzchen

Bad Oeynhausen

Hameln

Schneewittchen
und die sieben Kündigungen

Fürstenberg

Bad Karlshafen

Sababurg

Göttingen

Hofgeismar

Hann. Münden

Bad Heiligenstadt

Wolfhagen

Kassel

Kaufungen

Bad Soden Allendorf

Rotkäppchen
und die Gehaltserhöhung

Fritzlar

Hess. Lichtenau

Bad Wildungen

Homberg Efze

Schwalmstadt

Lahntal

Alsfeld

Marburg

Sternmaler

Ragunzel, lass deinen
Sparplan herunter

Schlüchtern

Steinau

Hanau

Frankfurt am Main

## Auch Ehrlichkeit kann Schaden anrichten

Oha. Nun hat sich Ihr Chef die Märchenstraße zu Herzen genommen und Ihnen einen ehrlichen Brief geschrieben.

*Mein lieber Herr Schulte –*
*Freund und Förderer der Wahrheit!*

*Da wir ja in E-Mails und am Telefon angeblich nur lügen,*
*schreibe ich Ihnen diesen Brief ganz klassisch von Hand.*
*Ich bin nicht an einen Lügendetektor angeschlossen, aber*
*vielleicht glauben Sie mir ja trotzdem. Nur ausnahmsweise.*
*Sie haben Recht: Die Wahrheit ist ein hohes Gut. Sie ist wich-*
*tig, wenn man sich gegenseitig vertrauen können will. Viel-*
*leicht nehmen wir Chefs sie nicht immer so ernst, wie wir*
*sollten.*
*Aber zum einen: Wissen Sie, was der wahre Grund dafür ist,*
*dass Sie unser Büro in Berlin nicht leiten dürfen? Ich habe*
*Ihnen die Aufgabe schlicht und ergreifend nicht zugetraut.*
*Ich glaube, Sie wissen selbst, dass Sie im Kundenkontakt oft*
*nicht besonders überzeugend wirken. Viele Kunden haben*
*mich im Vertrauen darum gebeten, nicht mehr von Ihnen*
*betreut zu werden. Deshalb haben wir Ihren Außenkontakt*
*ja auch nach und nach eingeschränkt. Als Sachbearbeiter*
*im Hintergrund leisten Sie gute Arbeit, und wir wollen Sie*
*in dieser Funktion auf jeden Fall behalten! Aber in leiten-*
*der Position mit Außenauftritt: Bei aller Liebe, Herr Schulte,*
*das geht nicht.*
*Nun werden Sie zutiefst beleidigt sein. »Sie können mir im-*
*mer die Wahrheit sagen und jedes Problem ehrlich anspre-*

chen« - das haben Sie einmal zu mir gesagt, wie fast alle Mitarbeiter irgendwann. Und was passiert, wenn man es dann als Chef tatsächlich einmal wagt, ehrlich zu sein? Dann hat man in den Büros plötzlich nur noch beleidigte Leberwürste sitzen. Alle wollen die Wahrheit - aber bitte nur, wenn sie ihnen zufällig passt. Dass die Wahrheit oft auch nicht so schön ist, das wollen viele nicht wahrhaben. Aber so ist es nun mal.

Und, mein lieber Herr Schulte, zum anderen: Wann haben SIE zuletzt gelogen? Vermutlich heute, wie die meisten anderen Menschen auch. Vielleicht erst vor 20 Minuten, als Sie sagten, der Fehler in dem wichtigen Kundenangebot beruhe nur auf falschen Kundenangaben? Könnte es vielleicht sein, dass sich da in Wirklichkeit bei IHNEN ein Rechenfehler eingeschlichen hatte? Es ist schon erstaunlich: In unserem gesamten Unternehmen hat praktisch noch nie jemand aus der Belegschaft einen Fehler gemacht - wenn man den eigenen Aussagen glaubt. Für wie realistisch halten Sie das, wo doch auch Sie alle nur Menschen sind? Vielleicht fahren ja nicht nur manche Chefs unbekümmert auf der Märchenstraße, sondern lässt sich auch mancher Mitarbeiter sein Kissen ein wenig zu oft von Frau Holle schütteln?

Ehrliche Grüße
Ihr Chef

Puh, das müssen wir erst einmal sacken lassen!

Hand aufs Herz: Da hat Schnappi tatsächlich ein paar wahre Dinge geschrieben. Vermutlich würde es Mord und Totschlag geben, wenn wir wirklich alle immer vollkommen ehrlich wären.

»Wer immer rückhaltlos ehrlich ist, ist nicht sozialfähig«, sagt etwa Marc-André Reinhard von der Universität Mannheim, der sich mit dem Thema Lügendetektion am Arbeitsplatz beschäftigt. Für eine Führungskraft sei es gerade auch wichtig, ein positives Umfeld zu schaffen. Und dabei ist die Wahrheit nicht immer förderlich. Der Münsteraner Kommunikationswissenschaftler Klaus Merten ist sich sogar sicher: »Ohne die Verwendung von Lügen muss alle Kommunikation zusammenbrechen.« Manchmal ist mit einer sogenannten sozialen Lüge einfach allen Beteiligten am besten gedient. Die soziale Lüge hilft, Unternehmensziele zu erreichen – ohne Menschen bloßzustellen oder zu kränken oder unnötig die Atmosphäre zu vergiften.

Wo aber endet die »gute« soziale Lüge, und wo bringt uns die Märchenstraße zu sehr ins Lager der bösen Hexe? Darauf haben wir in der Psychologie eine klare Antwort: Kontraproduktiv ist die Lüge, sobald sie jemandem schadet. Das ist zum Beispiel dann der Fall, wenn sich jemand – wie in unserem Eingangsbeispiel – im Vertrauen auf die Lüge selbstschädlich verhält. Wenn wir jemanden mit einer Lüge nicht nur vor einer schmerzhaften, aber im Prinzip unbedeutenden Wahrheit verschonen, sondern sein Verhalten zu seinem Nachteil manipulieren.

### Was Mitarbeiter tun können

Und, liebe Mitarbeiter, wenn der Chef nun wirklich unangenehme Wahrheiten ausspricht: Dann darf man ihm das nicht ankreiden! Wer die Wahrheit hören will, der muss sie auch vertragen können. Wer so oder so beleidigt ist – wahlweise, weil er belogen wurde oder weil ihm die Wahrheit nicht gefällt –, dem kann es kein Chef recht machen. Das müssen Sie zugeben. Die

Wahrheit kann auch einmal darin bestehen, dass man nicht so zufrieden mit Ihnen ist, dass man Ihnen vielleicht weniger zutraut als Sie sich selbst. Und dass es um Ihr Unternehmen oder um Sie selbst perspektivisch nicht so gut bestellt ist, wie Sie sich das wünschten. Wer eine solche Wahrheit nicht hören will, der fordert die Lüge heraus.

## Und *Ihr* Praktikum in Südamerika? Die Lügen der Mitarbeiter

Und nicht ganz ins Reich der Märchen verweisen wollen wir auch den zweiten Punkt, den der Chef in seinem Brief anspricht: dass nicht nur Chefs, sondern auch Mitarbeiter oft lügen, dass sich die Bürostühle biegen! Wirkliches Vertrauen am Arbeitsplatz kann natürlich nur entstehen, wenn es in beide Richtungen gedeiht. Auch Ihr Chef möchte *Ihnen* vertrauen können, liebe Mitarbeiter! Auch dieses Vertrauen können *Sie* mit Lügen zerstören. Mit scheinbar klitzekleinen – und mit großen sowieso.

Und da wir ja am überzeugendsten lügen, wenn wir selbst an die Lüge glauben, merken wir oft gar nicht, wenn wir es hier und da selbst mit der Wahrheit nicht so übergenau nehmen. Eine Umfrage im Auftrag des Magazins *Best Life* hat herausgefunden: Fast alle Männer – genauer gesagt: 92 Prozent aller Männer – haben ihren Chef schon einmal belogen.

Wenn das keine beeindruckende Zahl ist!

Wenn das nicht Anlass dazu gibt, dass sich jeder von uns zuerst einmal an die eigene Pinocchio-Nase fasst, bevor er Wahrheit von seinem Chef einfordert!

Die Schummelei fängt oft bereits bei der Bewerbung an. »Humanitäres Praktikum in Südamerika« steht da im Lebenslauf – obwohl der Kandidat in Südamerika nur zwei Monate als Rucksacktourist unterwegs war. Die letzte Position wird nebst Gehalt großzügig ein paar Stufen nach oben geschrieben und geredet. Der eineinhalbtägige Spanisch-Crashkurs am Wochenende als »verhandlungssicheres Spanisch« verkauft. Und das sind noch die harmlosen Punkte. Erfunden werden inzwischen ganze Schul- und Studienabschlüsse, Doktortitel und eindrucksvolle Stationen bei anderen Unternehmen – einschließlich der passenden gefälschten Zeugnisse.

Die Studie *Workplace Survey 2007* der Robert Half Personalberatung ergab:

■ 30 Prozent beschönigen ihre Verantwortung und tatsächliche Tätigkeit im vorherigen Arbeitsverhältnis,
■ 22 Prozent täuschen bessere Managementfähigkeiten vor,
■ 16 Prozent bessere Sprachkenntnisse,
■ 10 Prozent ein höheres letztes Gehalt,
■ 5 Prozent Softwarekenntnisse,
■ und immerhin 4 Prozent erfinden einen unzutreffenden Bildungsgrad.

Wie vertrauensvoll kann ein Arbeitsleben sein, das auf solchen Lügen schon gleich am Anfang beruht?

### Wer keine Fehler macht, ist unseriös

»Ich bin ehrlich auf meinen Posten gekommen!«, rufen Sie jetzt vielleicht dazwischen. Das glauben wir Ihnen, und es ist sehr lobenswert. Doch auch wer seinen Arbeitsplatz grundsätzlich auf ehrliche Weise erhalten hat, wäre kein Mensch, wenn er nicht jeden Tag mit den Versuchungen der Lüge zu kämpfen hätte – wir erinnern uns: Der Durchschnittsmensch lügt alle paar Minuten. Und das gilt für den Durchschnittsmitarbeiter nicht weniger als für den Durchschnittschef. Die Journalisten Matthias Kalle und Matthias Stolz haben im *ZEIT Magazin* eine Liste mit verbreiteten Floskeln zusammengestellt: »Da bin ich dran« bedeutet »Davon höre ich zum ersten Mal«; »Da warte ich noch auf Response« heißt »Ich habe die Sache verbummelt«.

Lassen wir also ein paar typische Szenen eines völlig durchschnittlichen Arbeitstages mit völlig durchschnittlichen Menschen einmal in Ruhe an unserem geistigen Auge vorbeiziehen:

»Natürlich habe ich die Präsentation bis heute Abend fertig, Chef«, rutscht es manchem Kollegen vielleicht heraus – obwohl er noch nicht einmal angefangen hat und genau weiß, dass der Chef mal wieder aufgeschmissen sein wird.

»Ich fühle mich momentan sehr wohl hier und kann mir durchaus vorstellen, mehr Verantwortung zu übernehmen«, versichert die erst kürzlich eingekaufte Nachwuchskraft der Chefin beim Mitarbeitergespräch – obwohl sie am nächsten Morgen einen Termin beim Konkurrenten hat, um heimlich den neuen Arbeitsvertrag zu unterschreiben.

Und vergessen Sie nicht den Tiger-Urin aus Kapitel 5.

Besonders beliebt sind Lügen, um eigene Fehler zu vertuschen und sich dadurch vermeintliche Unannehmlichkeiten zu ersparen. »Davon wusste ich nichts…« – »Das hat die Kollegin bearbeitet…« – »Das haben Sie doch selbst damals so gesagt, Chef…« – »Mein Entwurf ist völlig korrekt, weil…«.

Dabei kann es gerade bei eigenen Fehlern wahre Wunder wirken, bei der Wahrheit zu bleiben und Verantwortung zu übernehmen. Manchmal kann Ihnen die Wahrheit sogar die Haut retten. Ein Mitarbeiter einer PR-Agentur berichtete uns im Coaching:

»Ich hatte einen schweren Fehler gemacht – einer unserer Kunden, ein großes Unternehmen, hatte mir vertrauliche Zahlen gegeben. Die sollte ich nur intern verarbeiten, als Hintergrundinformation für Gespräche mit der Politik. Aus Versehen schickte ich diese hochsensiblen Zahlen mit anderen Informationen in einer E-Mail an einen Mitarbeiter in einem Bundesministerium. Es war wirklich der Super-GAU; mir gefror das Blut in den Adern in dem Moment, als ich den Fehler bemerkte. Zurückholen konnte ich die E-Mail nicht mehr. Ich wusste: Wenn sich der Kunde darüber bei meinem Chef beschweren würde, dann würde ich meinen Job sofort verlieren. Ich war ja sogar noch in der Probezeit!

Also ergriff ich die Flucht nach vorne: Ich rief den Hauptabteilungsleiter des Unternehmens persönlich an. ›Mea culpa, meine Schuld‹, sagte ich gleich am Anfang, ›ich habe einen großen Fehler gemacht.‹ Ich entschuldigte mich in aller Form, erklärte, dass ich hätte aufmerksamer sein müssen. Dass ich diesen Fehler wohl kaum wiedergutmachen könne. ›Alles, was ich tun kann, ist, Ihnen mein Versprechen zu geben: So etwas kommt nicht wieder vor.‹

Der Mann am anderen Ende der Leitung lauschte stumm. Als ich fertig war, sagte er unerträgliche Sekunden lang erst einmal nichts. Schließlich räusperte er sich hörbar bewegt und sagte: ›In meinem ganzen Berufsleben habe ich noch nie erlebt, dass jemand so klar zu einem Fehler steht.‹ Und nach weiteren quälenden Sekunden: ›Sehen Sie einfach zu, dass Sie denselben Fehler nicht noch einmal machen, Sie Schussel.‹

Damit war das Gespräch beendet.

Meinem Chef hat der Kunde nie etwas von der Angelegenheit erzählt. Bis heute nicht. Aber ich habe es inzwischen getan. Und arbeite immer noch hier.«

### Was Mitarbeiter tun können

Sie sehen, liebe Mitarbeiter: »Ja, das ist meine Schuld« – ein solcher Satz ist im Arbeitsleben so ungewöhnlich, dass Sie bereits damit oft schon allen Schimpftiraden der Chefs und Kunden den Wind aus dem Segel nehmen. Wer zu Fehlern steht, fällt auf und sammelt Sympathiepunkte. »Ach, so schlimm war das gar nicht«, ist die häufigste Reaktion auf Selbstanzeigen. Und nebenbei erspart Ehrlichkeit viel Stress: Wer die Wahrheit sagt, braucht keine Lüge zu erfinden – und auch keine Folge-Lügen, damit die erste Lüge nicht auffliegt, und keine Folge-Folge-Lügen, damit die Folge-Lügen nicht auffliegen, und keine…

Nun schlagen wir Ihnen noch eine gute Möglichkeit vor, Ihren Sinn für Realität und Ehrlichkeit zu schärfen: Nehmen Sie sich ein Blatt Papier und legen Sie darauf eine Tabelle an. In dieser Tabelle vermerken Sie, wenn Sie bei der Arbeit einen Fehler gemacht haben oder sonst etwas nicht so optimal lief, das in Ihrem Verantwortungsbereich lag. Und weil wir uns selbstverständlich auf die positive Realität nicht weniger konzentrieren wollen als auf die negative, legen Sie auch eine Spalte für gute Leistungen an. Oder nutzen Sie einfach die folgende Vorlage, die Sie auch auf www.wenn-der-chef-nervt.de finden.

| Meine Gut-und-nicht-gut-Liste | | |
| --- | --- | --- |
| Datum | Habe ich gut gemacht | Habe ich weniger gut gemacht |
| | | |
| | | |
| | | |
| | | |
| | | |

Diese Liste brauchen Sie sich nicht an die Wand zu hängen – Sie können es natürlich, wenn Sie besonders offensiv mit Ihrer Selbstanalyse umgehen möchten. Es genügt aber, wenn Sie das Papier in der Schreibtischschublade aufbewahren. Füllen Sie die Tabelle aus, wann immer Sie dazu Anlass sehen.

Nehmen Sie die Liste nach einem halben Jahr zur Hand und ziehen Sie Bilanz: Wie viele Fehler haben Sie gemacht? Wenn Sie in einem halben Jahr *keine* Fehler gemacht haben – dann sind sie kein Mensch! Dann sind Sie entweder ein perfekt programmierter Roboter – oder es fällt Ihnen noch sehr schwer, zu eigenen Fehlern zu stehen. Wir Menschen machen alle ständig Fehler. Dass

## Siebtes Gebot
## Du sollst nicht die Brüder Grimm sein

### Für Brötchen-Geber:

Du sollst deinen Mitarbeitern keine Märchen erzählen über ihre Perspektiven, über die Situation des Unternehmens und über deine Entscheidungshintergründe.

### Für Brötchen-Nehmer:

Du sollst ebenfalls ehrlich sein und dem Chef nicht das Blaue vom Himmel herunterlügen. Wenn es Probleme gibt und du Fehler gemacht hast, sollst du dazu stehen und deine Verantwortung nicht abwälzen.

ein halbes Jahr ins Land geht und wir gar nichts falsch gemacht haben, das ist ganz und gar undenkbar! So aber würden es viele Mitarbeiter überzeugt von sich sagen, wenn Sie das Personalgespräch mit dem Chef führen. Seien Sie anders: Ziehen Sie beim Personalgespräch Ihre Liste heraus. Erklären Sie dem Chef, worauf Sie stolz sind – und was eben nicht so gut gelaufen ist. Wir versichern Ihnen: Sie werden höchsten Respekt ernten. Sie ersparen sich den Aufwand für Lügengeschichten, man wird Ihnen selbst wesentliche Fehler nicht allzu übel nehmen.

Und wenn Mitarbeiter ehrlich werden, bedeutet das natürlich umgekehrt auch für Chefs: Sie müssen erst einmal lernen, mit der Ehrlichkeit umzugehen! Denn Ehrlichkeit bezieht sich, wie Sie wissen, liebe Chefs, nicht immer nur auf eigene Fehler... Viele Arbeitgeber etwa trauen sich immer noch nicht, Mitarbeiterbefragungen durchzuführen – aus Angst vor ehrlichen Antworten. Die Journalistin Katrin Terpitz berichtet im *Handelsblatt* von Fällen, in denen eine solche Angst Chefs dazu trieb, Mitarbeiterfragebögen selbst auszufüllen und so das Ergebnis zu fälschen.

Wenn beide Seiten ihr Verhältnis zur Ehrlichkeit etwas korrigieren, dann werden Sie sehen: Ehrlichkeit kann den Umgang in einem Unternehmen revolutionieren.

# Achtes Gebot
## Du sollst die Hand ins Feuer legen

Es waren einmal eine Löwenmama und ihr tapsiges Junges. Sie lebten in einem Dschungel, in dem es vor Gefahren nur so wimmelte: Hier lauerte eine böse Schlange, dort hauste eine Horde gefährlicher Büffel – ganz zu schweigen von den hinterhältigen Hyänen, die den lieben langen Tag nur darauf warteten, dass ein Löwe strauchelte und sie das arme Opfer reißen konnten.

Wie dem auch sei, das Junge vertraute seiner Mutter aus der Tiefe seines Herzens, denn sie war groß, stark und klug – wie es sich für eine ordentliche Löwenmama eben gehört. Das Kleine verspürte Zuversicht und Halt in ihrer Nähe und konnte daraus die Kraft schöpfen, die es für seine eigene Entwicklung brauchte. Und es liebte seine Mama umso mehr dafür. Die beiden streunten tagein, tagaus in friedlicher Eintracht durch ihr Revier, rechts die Löwin, links ihr Baby.

Doch dann – eines trüben Tages – tauchte plötzlich und mit ohrenbetäubendem Getöse aus den Untiefen eines nahe gelegenen Flusses ein gigantisches Krokodil auf: Es verstellte den beiden den Weg und drohte, das Kleine mit einem Bissen zu verschlingen. Das Baby schaute ängstlich und hilfesuchend aus seinen knopfigen Augen zu seiner Mama – doch die Löwin weilte gedanklich schon in ihrem wohlverdienten Mittagsschlaf, ließ sich im Geiste die Sonne auf den Bauch scheinen und hatte irgendwie keine Lust, sich die Pfoten schmutzig zu machen. »Ach, besser gebe ich das Blag – bevor das Großmaul hier aus einer Mücke einen Elefanten macht«, dachte sie und zog von dannen. Und da sie selbst nicht gestorben ist, lebt sie noch heute.

## Der Chef, die treulose Tomate

Traurig, traurig. Aber was hat die Geschichte mit der Arbeitswelt zu tun?

Nun, auch dort spielen sich täglich ähnliche Dramen ab. Übertragen wir die Löwen-Story auf den Job-Dschungel, dann haben wir in der Löwenmama zunächst eine große, starke und kluge Chefin. Ihr Junges, also ihr Mitarbeiter, vertraut ihr folglich und sieht sich geschützt. Wirft die Chefin ihren Mitarbeiter dann mir nichts, dir nichts der Meute zum Fraß vor, dann verletzt sie ihn und fügt ihm Schmerzen zu. Solche Verletzungen haben die meisten von uns schon einmal erfahren: Wenn wir Glück hatten, dann »nur« indirekt und aus der Ferne – bei einer Kollegin oder einem Kollegen. Wenn wir weniger Glück hatten, dann direkt am eigenen Leibe. Und das tut höllisch weh!

Lassen Sie es uns so sagen beziehungsweise fragen:

### Gesagt ist nichts getan?

Im Job-Dschungel vollzieht sich das Zum-Fraß-Vorwerfen oft schleichend. Die Verletzungen beginnen meist im Kleinen, mit ein paar einfachen Worten. Stellen wir uns gemeinsam einmal die folgende Situation vor: Sie sind recht neu im Betrieb, alles ist aufregend, die Arbeit macht grundsätzlich Spaß. Nur eines bereitet Ihnen Kummer: Die Kollegen sind sehr reserviert. Das geht teilweise sogar so weit, dass sie wichtige Mitteilungen geheim halten und Sie im Meeting auflaufen lassen. Peinlich und sehr unangenehm! »Vielleicht sind sie neidisch, weil ich direkt auf einen guten Posten gekommen bin?«, fragen Sie sich.

Einige Wochen und gescheiterte Versuche der direkten Klärung später halten Sie es nicht mehr aus: Im Gespräch mit Ihrem Vorgesetzten erkundigen Sie sich vorsichtig, wie denn so generell die Kommunikation unter den Kollegen sei. »Schwierig«, antwortet Ihr Chef und beugt sich vertraulich zu Ihnen vor, »besonders der Herr Müller hat sich gar nicht mehr unter Kontrolle – der ist ja auch dem Alkohol nicht ganz abgeneigt. Das bleibt natürlich unter uns.«

Zeit verstreicht. Es wird nicht besser. Auf Ihre Frage, welche Möglichkeiten er als Vorgesetzter sehe, raunt der Chef Ihnen ins Ohr: »Unter vier Augen«, und seine Stimme bekommt einen verschwörerischen Unterton, »hüten Sie sich auf jeden Fall vor der Frau Meier, die nennt man hier auch die fleischgewordene Informationszentrale der Abteilung. Die zieht jeden durch den Kakao.«

Ihre leichte Irritation lässt sich nun nicht mehr leugnen. Andererseits reden Sie sich gut zu: »Es ist bestimmt eine Ehre und sogar ein großer Vertrauensbeweis, dass sich mein neuer Chef so unverhohlen gerade mir anvertraut.« Er kennt Sie ja kaum und schon weiht er Sie in die intimen Details der Firma ein … »Wenigstens der scheint noch große Stücke auf mich zu halten!«, denken Sie ein bisschen erleichtert und treten getröstet den Heimweg an.

In den nächsten Monaten kommt es immer wieder zu ähnlichen Gesprächen. Bis Sie schließlich über die gesammelten Abgründe der versammelten Mannschaft informiert sind. Statt eine Lösung für Ihr Problem zu bekommen. Und allmählich kommen Ihnen

Zweifel an der Aufrichtigkeit Ihres Vorgesetzten. Denn nach und nach zeigt sich, dass er es ist, der jeden gerade nicht Anwesenden durch den Kakao zieht. Kurzer Hinweis: Es handelt sich um eine wahre Geschichte aus unserer Beratungspraxis.

Kurze Frage: Wie hoch ist die Wahrscheinlichkeit, dass Sie wie in dieser Geschichte selbst ebenfalls schon einmal Opfer der Chef-Lästereien geworden sind? Sie dürfte bei weit über 50 Prozent liegen. Genau genommen bei fast 100 Prozent. Es sei denn, es gibt spezielle Punkte oder ganz besondere Eigenschaften, die einzig Sie dazu qualifizieren, das absolute und uneingeschränkte Vertrauen Ihres Vorgesetzten zu genießen. Möglicherweise sind gerade Sie ja der einzige Mensch auf Erden, der über sein Verhältnis mit der Sekretärin informiert ist; und er wiederum befürchtet, Sie könnten ihn zu Hause verpfeifen.

Der Chef, der über seine eigenen Mitarbeiter herzieht, ist leider nicht so selten – wie uns immer wieder aus zahlreichen Unternehmen berichtet wird. Was zunächst nur nach ein paar unbedachten Worten aussieht, hat verheerende Folgen für Arbeitsklima und Produktivität: Die Mitarbeiter werden unsicher, denn jeder kann sich mit einem Minimum an Fantasie ausmalen, wie der Chef über ihn selbst redet, sobald der den Raum verlässt. Und jeder kann sich ausrechnen, dass ein solcher Chef im Ernstfall auch nicht lange zögern würde, seinen Mitarbeiter etwa einem auftauchenden Krokodil zum Fraß zu überlassen. Und gefräßige Krokodile lauern überall im Arbeitsleben.

## Was Chefs tun können

Vertrauen kann in einer solchen Abteilung nicht entstehen – im letzten Kapitel hatten wir ja bereits festgestellt, dass Vertrauen einen Zustand bezeichnet, in dem man keine Angst davor zu haben braucht, verletzt zu werden. Also kurz gesagt: genau das Gegenteil der Atmosphäre, die ein Chef schafft, der seinen Mitarbeitern bei jeder Gelegenheit in den Rücken fällt, statt ihnen selbigen zu stärken.

Es ist schon schädlich genug, wenn Mitarbeiter selbst über Kollegen schlecht reden und sich gegenseitig auflaufen lassen – dazu werden wir gleich noch kommen. Aufgabe eines guten Chefs ist es, solchen vertrauenszersetzenden Maßnahmen entgegenzuwirken, anstatt sie dadurch zu adeln, dass er sie selbst vorgibt. Das liegt zum einen in seinem eigenen Interesse – und ist zum anderen Teil der sogenannten Fürsorgepflicht, die der Arbeitgeber gegenüber seinen Mitarbeitern hat. Weil diese Fürsorgepflicht so wichtig ist, wollen wir darüber einen kleinen Denkzettel verfassen.

**Denkzettel**

Lieber Chef!

Heute möchten wir, Ihre Mitarbeiter, Sie freundlich daran erinnern, dass Sie verpflichtet sind, Arbeitsbedingungen zu schaffen, die uns und unsere Gesundheit schützen. Ihr Gerede hintenherum allerdings schadet unserer psychischen Gesundheit! Also denken Sie bitte daran: Sie haben sich im Rahmen unseres Arbeitsverhältnisses um den Schutz unserer Ehre und unserer Menschenwürde zu kümmern. Das heißt konkret, alle erforderlichen Maßnahmen zu ergreifen, um Benachteiligungen – wie Mobbing oder Belästigung – von uns abzuwenden. Sie selbst dürfen keinen von uns benachteiligen und sind verpflichtet, gegen Kollegen, von denen eine Benachteiligung ausgeht, vorzugehen.

Ihre Fürsorgepflicht beginnt mit der Anbahnung unseres Arbeitsverhältnisses und besteht auch noch nach dessen Beendigung – so müssen Sie weiterhin fair bleiben und jedem von uns unter anderem ein korrektes Arbeitszeugnis ausstellen.
Sollten Sie dagegen verstoßen, kann das gravierende zwischenmenschliche und sogar rechtliche Konsequenzen nach sich ziehen.

Danke!

## Wie Sie ins Büro hineinrufen ...

»Der hat gesessen!«, rufen Sie erfreut.

Doch nun, liebe Mitarbeiter, nachdem Sie sich Ihre Rechte hinter die Ohren geschrieben haben, packen Sie sich an die eigene Nase und lesen noch ein paar Passagen aus dem Tagebuch der Chefin, das uns schon öfter Aufschluss gegeben hat. Dass die Mitarbeiter selbst nicht ganz unschuldig sind an einer vertrauenslosen Arbeitsatmosphäre, das klang ja gerade schon an. Schauen wir, wie es damit so aussieht.

Tagebuch, Tagebuch –

was soll nur aus uns beiden werden? Ich traue mich ja kaum noch, dich mit meinen Anliegen zu behelligen. Es war so viel in letzter Zeit – aber ich muss dir wieder was erzählen:
Was war ich fleißig, habe hart gearbeitet, viel geleistet – all die Jahre. Jetzt, endlich, bin ich da angekommen, wo ich immer sein wollte.

Doch was habe ich nun davon? Nichts, nichts und wieder nichts! Im Gegenteil: An der Spitze ist die Luft dünn. Es gibt praktisch niemanden, mit dem ich reden kann.

Alles, was ich sage und tue, ist grundsätzlich falsch und blöd, weil ich ja die Chefin bin. So zerstritten und spinnefeind sich meine Mitarbeiter auch manchmal untereinander sein mögen – wenn es gegen mich geht, sind sich alle einig. Da sind plötzlich alle motiviert und ziehen immer an einem Strang. Und es geht leider ständig gegen mich: Wenn ich darlege, weshalb wir alle offen miteinander umgehen sollten, dann heißt es hintenherum, ich sei eine Mimose. Zwei Tage später beschwert sich dann mein Team über mangelnde Offenheit und die gestörte Kommunikation in der Abteilung.

Wenn ich Teamsupervision und Coaching anbiete, dann munkelt man auf den Fluren, ich wolle meine Leute kaufen. Tausende von Euro zum Fenster raus – dafür, dass mir keiner die Meinung ehrlich ins Gesicht sagt.

Ich kann fragen – wann und wen ich will. Tauche ich auf, dann verstummen alle Gespräche. Egal ob Konferenz oder Kantine. Sobald ich weg bin, stecken sie die Köpfe wieder zusammen.

Ich bin ja bereit, mich selbst kritisch zu hinterfragen. Was habe ich schon von einem unzufriedenen Team? Wenn aber alle mit ihrer Meinung hinterm Berg halten und angeblich immer alles in Ordnung ist … Zumindest so lange, bis ich über drei Ecken die dollsten Geschichten höre und auf der Toilette Sprüche lese, wie »Was ist der Unterschied zwischen einem Chef und dieser Wand? Mit der Wand kann man reden.«

Bin ich denn hier der Putzlappen?

Verzweifelt, deine Ch.

So sieht also die Chefin die Situation. Und diese Sicht ist nicht ganz unberechtigt.

Natürlich ist es nicht immer leicht, im Umgang mit dem Vorgesetzten fair zu bleiben. Das wissen wir aus eigener Erfahrung, und wir erleben es tagtäglich durch unsere Klientinnen und Klienten. Er verkörpert immerhin für viele Mitarbeiter all das, was sie am Arbeitsleben stört: Er gibt ihnen Aufträge, setzt Termine, kontrolliert sie, verbessert sie, gibt ihnen zu wenig Geld, zu wenig Anerkennung, zu viel Arbeit. Kurz: Er beschränkt ihre Freiheiten. Und Freiheitsbegrenzer mögen wir nicht, das liegt in unserer menschlichen Natur und ist so sicher wie das Amen in der Kirche.

Kein Wunder, dass der Chef da schnell zum Feindbild wird, an dem die Mitarbeiter kein gutes Haar lassen. Wer nicht in der Kantine mit den anderen über ihn herzieht, wer nicht alles, was der Chef sagt oder tut, unmöglich findet – der macht sich im Kollegenkreis schnell verdächtig und wird ausgestoßen. Sobald das Wort »Chef« fällt, herrscht kollektives Augenverdrehen. Was auch immer der Chef unternimmt – es ist grundsätzlich falsch und wird auf dem Flur zunichtegemacht. Immer mehr Internetforen bieten die Möglichkeit, anonym (also nicht gerade mit Rückgrat) über den Arbeitgeber herzuziehen – eine Möglichkeit, von der ganze Belegschaften fleißig Gebrauch machen. Während der Arbeitszeit, versteht sich.

Auf die Frage »Wem gegenüber sind Sie bei der Arbeit am loyalsten?« antworteten bei einer Umfrage des Internet-Stellenportals monster.de nur 10 Prozent der insgesamt rund 25 000 Befragten mit »Meinem Chef«. Immerhin 19 Prozent sahen sich ihrem Unternehmen gegenüber verpflichtet. Die höchste Prozentzahl erreichte mit einem Wert von 33 Prozent allerdings die Antwort »Mir selbst«.

## Was Mitarbeiter tun können

Wie aber, liebe Mitarbeiter, wollen Sie ernsthaft erwarten, dass Ihnen Ihr Chef den Rücken stärkt, wenn es in der Belegschaft zum guten Ton gehört, wo immer möglich gegen den Chef zu agieren? Wie soll Ihr Chef sich für Sie einsetzen, wenn *Sie* ihn aus Prinzip und mit Inbrunst hassen? Wenn Sie ihm bestenfalls ignorant gegenüberstehen, schlimmstenfalls aktiv gegen ihn arbeiten? Der Chef verkörpert die oben genannten Probleme oft nur, aber weder verursacht er sie, noch kann er sie beheben. Es ist daher nicht fair, ihn für alles verantwortlich zu machen, was man als störend empfindet. Vielleicht rettet uns ja folgende Differenzierung – die zwischen »Mensch« und »Funktionsträger/Rolle«: Ein Chef hat nämlich immer zwei Seiten. Am Arbeitsplatz begegnet er seinen Leuten normalerweise in seiner Rolle als Vorgesetzter. Für sie ist er derjenige, der das Sagen und die Verantwortung hat. Und manchmal sagt er ihnen eben Dinge, die sie so nicht hören wollen. Und verantwortet bestimmte Prozesse, die sie so nicht haben wollen: ordnet Überstunden an, gibt Entwürfe zur Überarbeitung zurück. Das ist lästig und leider leidvoll. Keine Frage!

Dennoch sollten Sie dabei stets bedenken, dass auch er gewissen Sachzwängen unterliegt und vielleicht als Mensch ja auch ganz anders tickt. Da er in der Regel selbst einen Vorgesetzten über sich hat, kann es zum Beispiel sein, dass er Ihnen die Dinge, die er sagt und verantwortet, auch nur bedingt freiwillig zumutet. Der Mensch hinter der Chef-Rolle denkt eventuell anders – hat aber nicht die Wahl. Sie sollten also nicht immer alles so persönlich nehmen.

Wir wollen Ihnen nicht suggerieren, Sie sollten immer die Klappe halten und alles so hinnehmen, wie es von oben angeordnet wird. Im Gegenteil: Bleiben Sie kritisch, hinterfragen Sie die

Dinge, übernehmen Sie selbst Verantwortung. Genau das brauchen Vorgesetzte: Dass Sie offen und ehrlich sind, im Dialog bleiben – letztlich damit auch die Vorgesetzten einschätzen können, woran sie sind. Denn nur dann können Sie sich gegebenenfalls verändern – und das ist ja genau in Ihrem Sinne.

Bleiben Sie dann genauso kritisch sich selbst gegenüber und hinterfragen Sie Ihre Absichten und Ihr Verhalten. Wir können gut verstehen, dass dieser Schritt nicht unbedingt leicht ist und dass gerade am Anfang eine ordentliche Portion Widerstand in Ihnen aufkommt. Das ist normal. Wenn Sie sich einen fairen und freundlichen Umgang am Arbeitsplatz wünschen, erwarten, dass Ihnen Ihr Vorgesetzter respektvoll – und eben nicht hintenherum – begegnet, dann ist das Ihr gutes Recht. Darin wollen wir Sie bestärken. Und wir laden Sie gleichzeitig dazu ein, sich Ihre Pflichten zu vergegenwärtigen, die sich automatisch aus Ihren Rechten ableiten lassen. Messen Sie mit zweierlei Maß, dann kann die Rechnung nicht aufgehen, dann landen Sie im dicken Minus. Das ist für beide Seiten unerfreulich und ungesund.

Wenn Sie klatschen und tratschen, über Ihren Chef herziehen, kein gutes Haar an ihm lassen oder ihn gar verleumden, dann begehen Sie einen gravierenden Verstoß gegen Ihre Treuepflicht dem Arbeitgeber gegenüber – sie ist das Pendant zu seiner Fürsorgepflicht Ihnen gegenüber.

Und wenn, wie die oben zitierte Studie nahelegt, am Arbeitsplatz die meisten sich selbst die Nächsten sind, dann kann es keine Loyalität geben. Loyalität aber ist ein ganz wesentlicher Teil des unsichtbaren Arbeitsvertrages. Sie ist der Kitt, der ein Unternehmen zusammenhält. Sie kann Teams zusammenschweißen und allen Beteiligten den Rücken stärken. Und nicht zuletzt spielt sie immer eine große Rolle, wenn es um die Besetzung von höheren und verantwortungsvollen Positionen geht…

## Bis dass das Arbeitsgericht euch scheidet

Und so fragen wir Sie – vor Ihrer versammelten Fangemeinde: »Wollen Sie sich lieben und ehren von diesem Augenblick an, in guten und in bösen Tagen, in Reichtum und in Armut, in Gesundheit und in Krankheit, sich ewig treu sein, bis dass der Tod Sie scheidet – so antworten Sie mit ›Ja, ich will‹. – Dann erklären wir Sie hiermit zu Chef und Mitarbeiter. Sie dürfen sich jetzt küssen.«

Und während Sie noch ganz benommen durch Ihren Schleier blinzeln und gegen die Tränen ankämpfen, ringen Sie innerlich stark mit sich selbst, ob Sie nicht besser aus diesem Albtraum aufwachen wollen.

Vielleicht lachen Sie jetzt und sagen: »Was für ein Unsinn, ich bin doch nicht mit meinem Chef verheiratet!« Aber wenn wir realistisch und ehrlich zu uns selbst sind, dann können wir an dieser Stelle festhalten, dass wir zeitlebens mehr Zeit an unserem Arbeitsplatz, mit Vorgesetzten, Kollegen, Kundinnen und Geschäftspartnern verbringen als zu Hause, in unserer eigentlichen Ehe. Viele von uns führen nicht einmal eine Ehe, weil wir vor lauter Arbeit keine Zeit für eine Partnerschaft haben.

In der Realität ist es allerdings seltener der Tod als vielmehr das Arbeitsgericht, das die beiden Partner – Vorgesetzten und Angestellten – scheidet. Genau diesen Rosenkrieg jedoch möchten wir Ihnen beiden durch dieses Buch ersparen.

Die Allianz zwischen Ihnen und Ihrem Boss muss kein Arbeitsalbtraum sein, wenn Sie es schaffen, die Fürsorgepflicht und die Treuepflicht unter einen Hut beziehungsweise Schleier zu bekommen. Dieser gemeinsame Nenner heißt »Loyalität«. Beide Seiten haben ihre Rechte – und gleichzeitig auch ihre Pflichten. Lassen Sie uns konkreter werden:

Andere Worte für Loyalität sind Fairness, Rechtschaffenheit, Redlichkeit und Treue. Leider wird Loyalität im Unternehmen jedoch häufig verwechselt mit den negativen Begriffen Abhängigkeit und Obrigkeitsdenken. Dieser negative Beigeschmack verhindert häufig, dass sich diese grundsätzlich konstruktiven Werte am Arbeitsplatz durchsetzen. Denn tatsächlich geht es »lediglich« um unsere Zuverlässigkeit und Anständigkeit im Umgang miteinander – mit Vorgesetzten, Kolleginnen, Mitarbeitern und externen Partnern. Und das ist ja etwas, das wir uns alle gleichermaßen wünschen.

Loyalität verbietet uns, individuelle Ziele zu verfolgen, die den Zielen des Unternehmens widersprechen. Wir alle – Vorgesetzte und Mitarbeiter – sind in einen gemeinsamen ethischen Kontext eingebunden. Durch diese Verankerung sind Auswüchse wie blinder Gehorsam ausgeschlossen. Insbesondere rechtfertigt dies das Recht und sogar die Pflicht des Mitarbeiters zur Untreue, also zum Ungehorsam, sofern die Ausführung von Anweisungen übergeordnete Werte verletzen würde. Der Mitarbeiter hat das Recht, ja sogar die Pflicht, Anweisungen nicht auszuführen, sofern diese übergeordnete Werte verletzen.

Loyalität bedeutet also, dass wir die Werte des anderen teilen und vertreten. Sie ist immer freiwillig und zeigt sich sowohl im Verhalten gegenüber demjenigen, dem wir loyal verbunden sind, als auch Dritten gegenüber.

Um es auf den Punkt zu bringen: Wie in jeder guten Ehe gehören immer zwei dazu – ohne Fürsorge keine Treue und umgekehrt!

Klingt alles so weit ganz brauchbar. Doch was machen wir, wenn wir selbst unserem Chef zwar treu sind – aber plötzlich Dritte ins Spiel kommen? Und die Dinge auf einmal ganz anders laufen?

## Wenn Chefs ihre Mitarbeiter bloßstellen

Frieda Fischgrat, seit über 30 Jahren Fachverkäuferin für Damenoberbekleidung aus Überzeugung und ihrem Arbeitgeber treu ergeben, wappnet sich mit Motivation und Freundlichkeit für einen neuen Verkaufsmontag. Auf hohen Hacken stelzt eine augenscheinlich erregte Person auf sie zu. Grußlos schleudert sie der verdutzten Frau Fischgrat ein Stück Stoff ins Gesicht. Der Verkäuferin klappt vor Erstaunen die Kinnlade herunter. Sie erkennt in der erregten Person eine Kundin des vergangenen Freitags (nennen wir sie der Einfachheit halber Frau K.). Bevor sie sich jedoch konkreter erinnern kann, keift Frau K. auch schon los: Wie sie es wagen könne, ihr diesen minderwertigen Fetzen anzudrehen? Eine Unverschämtheit! Extra für die gestrige Kommunionsfeier ihrer Nichte habe sie diese Bluse gekauft. Doch schon beim Auspacken habe sie feststellen müssen, dass mit dem angeblich guten Stück etwas nicht stimme: Ein ganzes Laufmaschengeschwader habe sich da gebildet. Ganz von allein. Das schöne Fest sei völlig im Eimer gewesen ohne diese Bluse. Sie wolle sofort ihr Geld zurück und, inzwischen hat sie ihren Tonfall um gefühlte drei Oktaven gesteigert, selbstverständlich auch noch eine Entschädigung.

Frau Fischgrat erinnert sich dunkel: Stimmt, es sollte etwas Besonderes für diesen Anlass sein, luftig-leicht und edel-elegant zugleich. Da hatte man dann am Freitag einvernehmlich entschieden, dass wohl nur eben jenes exklusive Leinen-Seiden-Gemisch in Frage komme. Und dieses hochwertige Produkt, »Made in Italy«, das ungefähr einem Drittel des Nettoeinkommens einer Fachverkäuferin für Damenoberbekleidung entspricht – dieses Produkt sollte jetzt plötzlich ein minderwertiger Fetzen sein?

Frau Fischgrat entschuldigt sich höflich-ergeben und bittet um einen Moment Geduld, sie wolle selbstverständlich sofort der Sache nachgehen.

»Nichts da«, wütet Frau K., »sofort das Geld raus, oder ich lasse den Geschäftsführer kommen!«

Die Bluse müffelt unverhohlen nach einer ekligen Melange aus klebrigen Zigarrenschwaden und Moschus, ein winziger Fleck am Kragen deutet auf Überreste von Krabben in Cocktailsoße hin. Bevor jedoch unsere gute Frau Fischgrat ihre näheren Betrachtungen abschließen und mit der Überprüfung ihrer These, dass die Bluse sehr wohl an der Familienfeierlichkeit teilgenommen habe und erst dort zu Schaden gekommen sei, fortfahren kann, kommt Frau Geier, die Abteilungsleiterin, dazu. »So geht es nicht«, belehrt sie Frau Fischgrat vor Frau K., »bitte kommen Sie gleich mit mir zum Geschäftsführer. Wir werden wohl besprechen müssen, wie man hier im Hause mit Stammkunden umzugehen hat.«

Den Fortgang dieser Geschichte ersparen wir Ihnen, liebe Leserin, lieber Leser – nur so viel sei verraten: Am Ende des Tages schleppte sich eine verschüchterte Frau Fischgrat gebrochen nach Hause.

### Wenn Dritte im Spiel sind

Was ist in diesem Fall passiert? Was ist hier gründlich schiefgelaufen?

Zu Beginn dieses Kapitels hatten wir die Konstellation »Klatsch & Tratsch« mit dem Fokus »Sie & Ihr Chef« skizziert, doch schneller, als wir denken, sind Dritte oder Vierte, Außenstehende, in das Geschehen verstrickt.

Und diese Geschichte wiederholt sich tagtäglich an vielen Arbeitsstätten in vielen Varianten. Sie steht stellvertretend für die vielen Ärgernisse, die mangelnde Loyalität mit sich bringt. Nehmen wir zum Beispiel den Zahnarzt, der während der Patientenbehandlung seine Helferin zusammenstaucht, weil sie in der Mittagspause die Instrumente nicht ganz nach seinen Vorstellungen sortiert hat. Eine Zumutung für den Patienten, der – rücklings, mit zwangsweise offenem Mund und Angst vor dem Bohrer – zusätzlich dieser Schimpftirade ausgeliefert ist. Und das ist noch gar nichts im Vergleich zu der Erniedrigung, die seine Angestellte empfindet.

Manchmal endet die traurige Wahrheit gar im ganz Großen, wie ein weiteres Beispiel aus unserer Coaching-Praxis zeigt: Ein Lehrer um die 50 liebte seinen Job und ging darin auf. Bis es eines Tages folgenden Zwischenfall gab: Eine Oberstufenschülerin und ein Klassenkamerad schlossen sich in der Pause gemeinsam auf dem WC ein. Kein ganz ungewöhnliches Vorkommnis. Und kein ganz unkritisches Vorkommnis, denn Lehrerinnen und Lehrer haben natürlich eine Aufsichtspflicht. Auf der anderen Seite ist es aber kaum möglich, alle Kinder und Jugendlichen permanent an ihre Stühlchen zu fesseln. Der Vorfall wurde eingehend analysiert und Kollegium und Schulleitung waren sich darin einig, dass auch unser Klient das Geschehen nicht hätte verhindern können. Manchmal ist die Natur eben stärker als der stärkste Pauker. Als die Mutter der betroffenen Jugendlichen im Rahmen eines klärenden Gespräches jedoch erwog, Anzeige gegen den Lehrer wegen Beihilfe zur Vergewaltigung zu erstatten, ermutigte die Direktorin sie kurzerhand in ihrem Vorhaben. Der Lehrer verstand die Welt nicht mehr und begann, an sich selbst zu zweifeln.

Aber, liebe Mitarbeiter, auch die Sache mit der Loyalität vor Dritten gilt mal wieder in beide Richtungen: Sätze wie »Den Chef hat hier heute noch keiner gesehen« oder »Das wird der Chef mal wieder vergessen haben« am Telefon gegenüber Kunden sind selbst dann unangebracht, wenn sie wahr sind …

## »Und morgen bringe ich Sie um – Sie Niete in Nadelstreifen!«

Was, wenn die »Ehe« mit Ihrem Chef scheitert? Wenn er Sie belügt und betrügt, vor anderen schlechtmacht? Wenn aus dem Miteinander ein handfestes Gegeneinander geworden ist? Wenn auch Ihr Nachwuchs, also Ihre gemeinsamen Projekte, Ihre Ehe nicht mehr kitten kann? Wenn Sie Ihr verflixtes siebtes Jahr haben und die Krise unüberwindbar scheint? Wenn alle Therapie- und Coaching-Ansätze keine Besserung bringen?

Dann helfen nur noch: Sabotage und Arsen. Jedenfalls im Fernsehen. Doch was ist dran – in Wirklichkeit?

Sabotage ist die absichtliche Behinderung eines Ablaufes zur Erreichung eines bestimmten Zieles. Das Wort Sabotage entstand zur Zeit der industriellen Revolution, als französische Arbeiter ihre Holzschuhe (französisch: *sabot*) in die Mäh- und Dreschmaschinen warfen, um gegen die fortschreitende Mechanisierung der Arbeit zu kämpfen.

Werfen wir an dieser Stelle doch einen Blick auf die Mechanismen: »Nur weil mein Chef mir die Daten für den Jahresbericht erst heute Morgen – statt wie abgesprochen letzten Montag – gegeben hat, kann ich am Wochenende nicht zum Schützenfest. Da ist es doch nur fair, dass er mal sieht, wie das ist, wenn man sich sieben Tage die Woche abrackert.« Und mit einem Klick sind die Tabellenkalkulationen auf seiner Serverpartition für immer und ewig im virtuellen Nirwana verschwunden. Eine Wohltat! Es scheint ganz hilfreich zu sein, zum Beispiel dem Vorgesetzten prozessrelevante Informationen vorzuenthalten, unter den Kolleginnen und Kollegen Unruhe zu stiften oder gar den Firmenserver einmal lahmzulegen.

Wenn Sie jetzt sagen »Genau, einer muss dem Blödmann von Boss ja mal zeigen, dass man hier mit mir nicht alles machen kann!«, dann können wir das sehr gut verstehen. Dennoch dürfen wir Ihnen höflich ans Herz legen, ein paar Seiten zurückzublättern und erneut das Verhältnis von Fürsorge und Treue zu studieren. Denn was hier so en passant nach Industrieromantik klingt, kann in der Unternehmensrealität ganz rasch ganz böse enden: Weiter oben hatten wir ja bereits darauf hingewiesen, dass niemand individuelle Ziele verfolgen darf, die den Zielen der Firma widersprechen. Und die Funktionstüchtigkeit des Servers ist definitiv ein Firmenziel.

Dann doch besser Arsen?

»Ich bringe ihn um!« ist auf den ersten Blick ein befreiender Gedanke. Klingt gut und tut gut. Schon in unserem *Frustjobkillerbuch* haben wir darauf hingewiesen, wie wichtig es ist, dass wir uns unserer wahren Gefühle bewusst werden und diese akzeptieren lernen.

Nur – was machen wir mit Gefühlen, die als negativ gelten, wie zum Beispiel Wut oder Hass? Diese Gefühle spielen hier augenscheinlich eine große Rolle – Sie wollen Ihren Chef ja kaum aus Liebe zur Leiche machen. Auch bei diesen Gefühlen ist es zunächst wichtig, sie als wertvolle Bestandteile der Persönlichkeit anzunehmen, auch wenn sich das erst einmal komisch anhört. Verdrängen nützt nämlich nichts, im Gegenteil, denn das Unterbewusstsein schlägt eines Tages zurück. Und das umso heftiger: Unterdrückte Gefühle manifestieren sich langfristig auch körperlich und rufen dann beispielsweise psychosomatische Erkrankungen hervor. Für die Blödheit des Bosses büßen – nein, danke! Was also tun? Sollen Sie vielleicht Ihren Gefühlen freien Lauf lassen und ihn einfach an die Wand klatschen? Ganz so einfach ist es dann doch nicht. Erstens heißt »akzeptieren« noch lange nicht »ausleben«, und zweitens führen Tätlichkeiten beziehungsweise körperliche Gewalt auf direktem Wege zu einer fristlosen Entlassung.

Dürfen Sie sie wenigstens äußern? Dann wäre zumindest der Druck schon einmal raus. »Ich bringe ihn um!« ist in der Tat ein »harmloser« Satz, solange es nur darum geht, Dampf abzulassen. Die Grenze zum ernsthaften Fehlverhalten ist allerdings schneller erreicht, als manchem lieb ist. Wenn Sie in einem hitzigen Streit den Boss nicht nur beleidigen, sondern ihm Gewalt androhen, dann behandeln Sie ihn so, wie Sie selbst nicht behandelt werden wollen. Und leiten Ihre Kündigung quasi selbst ein. Sie schießen sich mit der Fürsorgepflicht Ihres Arbeitgebers – die ja ursprünglich Ihrem eigenen Schutz dienen sollte – ein Eigentor: Der Arbeitgeber muss nämlich für die Einhaltung des Betriebsfriedens sorgen, indem er die Kolleginnen und Kollegen vor einer Atmosphäre voller Spannung und latenter Gewalt bewahrt.

Selbst mit scheinbar harmlosen Sprüchen können Sie andere tief verletzen und sich selbst schaden – vor allem, wenn sie sexistischer Natur sind. Ein Mitarbeiter schleuderte seiner Vorgesetzten im Streit entgegen: »So Frauen wie dich hatte ich schon Hunderte!« Derartige Beleidigungen oder auch rufschädigende Äußerungen von Mitarbeitern über ihren Arbeitgeber in der Öffentlichkeit sind mehr als unangemessen und können knallharte Konsequenzen nach sich ziehen. Wir haben zwar ein Grundrecht auf Meinungsfreiheit, dieses findet seine Grenze aber im Schutz der Ehre – die wiederum durch bestimmte (rufschädigende) Äußerungen verletzt werden kann.

All diese Aussagen und Aktionen können also kein sinnvoller Ausweg aus der Krise sein. Das wäre ungefähr so verhältnismäßig, als hätte das Löwenbaby mit den Kulleraugen aus der Dschungelgeschichte die Großwildjäger beauftragt, der Mama den Garaus zu machen – nur weil sie ihm gestern die *Sesamstraße* verboten hat.

Wir können Ihnen, liebe Mitarbeiter, nur raten, im allergrößten Notfall in ein Kissen – stellvertretend für den Chef – zu boxen. Es gibt einfach Bereiche und Vorkommnisse, wo Sie ihn nicht zur Rechenschaft ziehen können, wo Sie hilf- und machtlos sind – damit müssen Sie sich abfinden! So hart es auch klingt. Und wenn es knüppelhart kommt, dann hilft manchmal nur noch – wie in jeder guten Ehe – eine saubere »Scheidung«. Denn: lieber geschieden als Dreck am Stecken.

## Raus aus der Loyalitätsfalle

Wo aber hat die Loyalität nun ihre Grenzen? Stellen wir uns folgende Situation vor: Sie finden heraus, dass in der Firmentiefgarage heimlich Atommüll eingelagert wird. Der Chef sagt: »Was geht Sie das an – kümmern Sie sich lieber um Ihren eigenen Dreck!«

*Frage:* Wie reagieren Sie in dieser Situation?

1. Ich schließe die Augen und befolge seine Anweisung – er wird schon wissen, was er da tut.

2. Ich verpfeife den Chef an höherer Stelle und riskiere damit, abgewatscht zu werden.

3. Ich gebe anonym einen Tipp, dass im Betrieb die eine oder andere Kleinigkeit schiefläuft.

So oder so: Sie machen sich unbeliebt. Und nicht nur das: Es ist egal, ob Sie mit 1., 2. oder 3. antworten – Sie tragen immer eine Restunzufriedenheit mit sich: Bei

1. nehmen Sie nämlich die Gefährdung Ihrer Mitmenschen in Kauf, bei
2. gefährden Sie sich selbst, und bei
3. wüssten Sie gar nicht so genau, an wen Sie sich wenden sollten mit Ihrer brisanten Botschaft.

»Whistleblowing« – übersetzt so viel wie »ein Signal geben« – nennt man das betriebliche Verpfeifen im Fachjargon. Sie geraten in Konflikt, weil Ihr Vorgesetzter von Ihnen Loyalität einfordert – obwohl Sie bestimmte Werte oder Ziele nicht teilen. Solche Konflikte sind besonders häufig in sogenannten Tendenzbetrieben wie Kirche, Gewerkschaft oder Presse anzutreffen. Tendenzbetrieb bedeutet, dass neben wirtschaftlichen Zielen zum Beispiel auch politische, erzieherische, wissenschaftliche oder künstlerische verfolgt werden. Aber auch Bereiche wie Umweltschutz, Betriebssicherheit, Bilanz oder Personal beinhalten ein hohes Konfliktpotenzial.

Das Gemeine: Für Sie als Petze stehen auf Whistleblowing oft Verachtung und Mobbing. Schlimmer noch: Reden Sie, laufen Sie Gefahr, Ihren Job zu verlieren. Dilemma: Schweigen Sie, bekommen Sie gegebenenfalls große Probleme, weil Sie möglicherweise an einer Straftat mitwirken.

Die Situation ist – wie in unserem Atommüllbeispiel – höchst undankbar, denn Whistleblower handeln ja eigentlich mehr als loyal, indem sie sich mit ihrem Unternehmen identifizieren und um dessen Zukunft besorgt sind. Kurzzeitig entsteht der Firma zwar eventuell ein Schaden – aber langfristig soll die Firma durch das Verpfeifen ja vor der Gefahr bewahrt werden, zur Rechenschaft gezogen zu werden!

Egal, wie Sie reagieren – Sie sitzen in der Falle. Hier hilft nur eins – beide Seiten müssen jeweils für sich Grundsatzentscheidungen treffen.

## Was Chefs tun können

Verehrte Chefs, so schwer ist das doch nicht zu verstehen: Fusionen, verschlankte Abteilungen und befristete Arbeitsverträge führen zu massiven Verunsicherungen Ihrer Beschäftigten. Wer mitbekommt, dass langjährige Kollegen plötzlich wegrationalisiert werden, dem fällt es verständlicherweise schwer, voll hinter der Firma zu stehen. Wenn die Löwenmama plötzlich ohne ihr Kleines nach Hause kommt, dann fragen sich die Geschwisterchen zu Recht, was da wohl passiert ist und welche Konsequenzen das für sie hat. Wenn unter diesen Umständen die Loyalität in Ihrem Unternehmen sinkt, so ist das wirklich kein Wunder!

## Was Mitarbeiter tun können

Verehrte Arbeitnehmer, wenn Ihr Unternehmen Werte vertritt oder Entscheidungen trifft, mit denen Sie sich absolut nicht identifizieren können, dann müssen Sie sich fragen, ob Sie in diesem

Unternehmen auf Dauer richtig aufgehoben sind. Wer in einer Metzgerei arbeitet, hat noch lange nicht das Recht, die Kundschaft zu vergraulen – nur weil er selbst Vegetarier ist. Wer persönlich unzufrieden ist, darf das nicht durch Sabotage ausgleichen. Wenn am Arbeitsplatz Dinge »verschwinden«, Abrechnungen frisiert werden und Geld von Firmenkonten unterschlagen wird, dann spricht die Versicherungsbranche von einem Vertrauensschaden. Kaum zu beziffern ist der Schaden, der Ihrer Firma durch Leistungsverweigerung und üble Nachrede entsteht. Das entspricht mindestens den Gehältern Ihrer wegrationalisierten Schicksalsgenossen.

Eines ist uns ganz wichtig zu betonen: Wir plädieren nicht für Kadavergehorsam und Nibelungentreue! Echte Loyalität ist weder Kriechen noch Katzbuckeln – es geht nicht darum, jemandem Honig ums Maul zu schmieren und zu allem »Ja und Amen« zu sagen. Mit Verlogenheit und feigem Verhalten tun wir niemandem einen Gefallen. Echte Loyalität ist eine gesunde Mischung aus Respekt vor unseren Mitmenschen plus eine eigene Meinung zu haben und diese auch einzubringen.

Wir laden Sie und Ihren Chef lediglich ein, über sich selbst nachzudenken und sich selbst kritisch zu hinterfragen. Was Sie dann aus Ihren Erkenntnissen machen, das bleibt ganz Ihnen überlassen. Wir wollen Ihnen Ihre Rechte vergegenwärtigen. Und im Gegenzug Ihren Beitrag zum Gelingen benennen; das sind Ihre Pflichten. Wir schauen alle gemeinsam, was sich am Miteinander am Arbeitsplatz noch optimieren lässt – Loyalität ist ein wesentlicher Teilbereich davon.

Weil wir Loyalität nicht einfordern beziehungsweise erzwingen können – das ist inzwischen deutlich geworden –, wollen wir an dieser Stelle ganz fromm eine Wunschliste daraus machen. Die nächste Betriebsweihnachtsfeier kommt bestimmt.

```
┌─────────────────────────────────────────────────────────┐
│ ■ E-Mail                                              ⊠ │
├─────────────────────────────────────────────────────────┤
│        An:  │ santa@claus.com                          │ │
│     Kopie:  │ betriebsrat@firma.de                     │ │
│   Betreff:  │ Loyalität                                │ │
│       Von:  │ wagner@firma.de                          │ │
│  Priorität: │ !!!                                      │ │
```

Lieber Weihnachtsmann!

Bitte mach, dass mein Chef sich mehr um mich kümmert, dass er mir hilft und mich unterstützt, wenn ich mal Probleme habe. Auch in wirtschaftlich schwierigen Zeiten wünsche ich mir Halt und Rückendeckung – dann hätte ich ein viel besseres Gefühl bei der Arbeit. Ein vertrauensvolles Verhältnis zwischen Vorgesetzten und Angestellten wäre wunderbar für alle hier in der Firma.

Mit freundlichen Grüßen, auch an Rudy, deine Frau Wagner

>>Diese Nachricht kann bedeutsame Informationen beinhalten.<<

Wie wir ja alle wissen, belohnt der Weihnachtsmann nur die Braven. Deshalb geben wir Ihnen zum Abschluss dieses Kapitels eine Checkliste an die Hand. Sie finden sie auch auf der Website zum Buch: www.wenn-der-chef-nervt.de. So können Sie sich über das Jahr hinweg immer wieder selbst prüfen und dabei ganz leicht feststellen, ob Sie die Bescherung auch verdient haben.

**War ich wirklich brav?** . . . . . . . . . . . . . . . . . . . . . . . ✓

Ich habe mich von Klatsch und Tratsch ferngehalten und mich nicht aus Prinzip immer und überall gegen meinen Chef gestellt. . . . . . . . . . . . . . . . . . . . . . . . . □

Habe ich Entscheidungen mittragen müssen, die ich selbst nicht gut fand, dann habe ich offen, ehrlich und respektvoll meine eigene Meinung vorgetragen und angeregt, die Entscheidung nochmals zu überdenken. . . . . . . . . . . . . . . . . . . . . . . . . . . . . . . . . . . . .

Wenn Entscheidungen definitiv getroffen waren und umgesetzt werden mussten, dann habe ich meinen Teil des Ganzen aktiv und engagiert erledigt – ohne hinter vorgehaltener Hand zu jammern und die Verantwortlichen vor Dritten schlechtzumachen. . . . . . . . .

Grundsätzlich habe ich mich bewusst in die Vorgesetztenrolle hineinversetzt und den betreffenden Sachverhalt beziehungsweise die Entscheidung aus der Perspektive meines Chefs reflektiert – das hat mir geholfen, den Arbeitsalltag besser zu verstehen. . . . . . . . . . . . . . . . . . . . . . . . . . . . . . . . . .

## Wie beide Seiten gewinnen

Denken Sie immer daran, Sie sitzen beide in einem Boot: Wer als Chef seine Angestellten nicht fürsorglich behandelt, der schadet langfristig sich selbst und der Firma. Wer als Angestellter seinem Chef untreu ist und damit der Firma schadet, der macht sich langfristig das eigene Gehalt streitig. Nur wenn Sie füreinander die Hand ins Feuer legen und sich gegenseitig vertrauen, dann ist ein gutes Miteinander möglich.

Wenn Sie beide – Chef und Mitarbeiter – ernsthaft diesen gemeinsamen Weg verfolgen und sich große Mühe geben, dann kann aus der Loyalität sogar wahre Solidarität werden: Dieses Grundprinzip des menschlichen Zusammenlebens ist ein Gefühl von Individuen und Gruppen, zusammenzugehören.

## Achtes Gebot
## Du sollst die Hand ins Feuer legen

### Für Brötchen-Geber:

Du sollst dich für deine Mitarbeiter einsetzen, sie ehrlich fördern und schützen – notfalls wie ein Löwe sein Junges.

### Für Brötchen-Nehmer:

Du sollst deinen Chef in seiner Rolle respektieren. Du sollst loyal sein, nicht aus Prinzip nur über ihn lästern, ihn von vornherein für eine »Niete in Nadelstreifen« halten und alles schlecht finden und sabotieren, was er sagt und tut.

## Neuntes Gebot
# Du sollst die Menschen lieben

Montagmorgen, 9:35 Uhr. Sie sitzen am Schreibtisch und nippen an einem Cappuccino. Da klingelt Ihr Telefon, und auf dem Display leuchtet Ihnen das Wort »CHEF« entgegen. Gut gelaunt nehmen Sie ab.

»Schulte.«

»Einen wunderschönen guten Morgen, Herr Schulte, Ihr Chef hier. Wie geht's Ihnen? Hatten Sie ein schönes Wochenende?«

»Morgen, Chef, und danke: ja. Es war mal wieder traumhaft. Am Freitagabend habe ich mit meiner Frau einen Krimi gesehen, dabei haben wir uns Popcorn in der Mikrowelle gemacht...«

»Das mit dem Buttergeschmack, das Sie so mögen?«

»Ja, genau, Chef. Am Samstag konnten wir allerdings nicht so richtig ausschlafen, weil die in der Wohnung über uns schon um halb neun den Staubsauger anwerfen mussten!«

»Die Behringers über Ihnen? Oh nein, Herr Schulte! Das tut mir aufrichtig leid für Sie. Dabei hatten Sie doch erst letztes Wochenende die lauten Handwerker im Treppenhaus...«

»Halb so schlimm, Chef. Wir sind dann zum Brunch gegangen und anschließend raus in die Berge gefahren. Ich habe meine neue Digitalkamera ausprobiert und fast vierhundert Fotos geschossen. Und stellen Sie sich vor: Jedes einzelne davon ist ein kleines Kunstwerk geworden!«

»Wirklich? Mensch, das ist ja toll! Kommen Sie doch gleich mal in mein Büro, dann schauen wir uns die gemeinsam bei einem Glas Sekt an. Ich habe von meiner Frau noch eine Flasche hier stehen und zufällig gerade vier Stunden Zeit. Was meinen Sie? Ach, und fast hätte ich's vergessen: Dürfte ich Sie bitten, Ihren Entwurf für die Sitzung heute Nachmittag mitzubringen?«

»Bin schon auf dem Weg, Chef, bis gleich!«

»Bis gleich, Herr Schulte, hat mich sehr gefreut!«

Nennen wir dieses Gespräch das »Sektfrühstück«. Vergleichen Sie damit nun das folgende Gespräch, das wesentlich kürzer ausfällt:

»Schulte.«

»Kommen Sie mal mit dem Entwurf rüber?«

»Ja, Chef, soll ich auch noch…?«

»Tut, tut, tut…«

Auch dieses Gespräch fand an einem Montagmorgen um 9:35 Uhr statt, auch dieses Gespräch war der erste Kontakt der beiden Gesprächsteilnehmer an diesem Morgen, in dieser Woche.

Nennen wir dieses Gespräch »Tut, tut, tut«.

### Wo stehen Sie auf der »tut, tut«- bis »Sektfrühstück«-Skala?

Lehnen Sie sich nun zurück. Schließen Sie die Augen und spielen Sie die Telefonate mit Ihrem Chef aus den letzten Wochen vor Ihrem geistigen Ohr ab. Im Großen und Ganzen: Wie würden Sie diese Gespräche in Ton, Inhalt und Umgangsform auf einer Skala von eins (»Tut, tut, tut«) bis zehn (»Sektfrühstück«) einordnen?

Machen Sie Ihr Kreuz im weißen Kästchen:

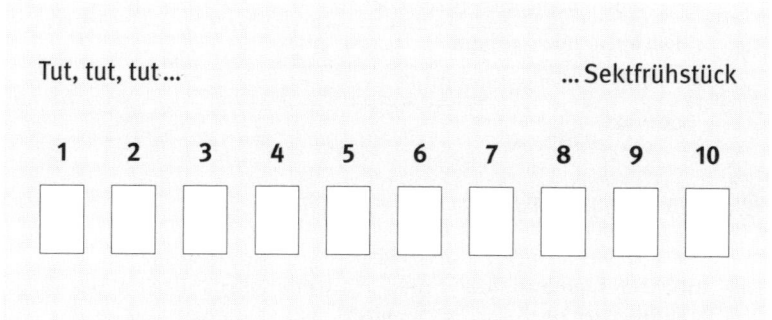

Traurig, aber wahr: Ein Großteil der Kommunikation zwischen Chef und Mitarbeiter erreicht auf dieser Skala vielleicht eine zwei bis drei.

Bei dem ersten Gesprächsprotokoll werden Sie gelacht haben, denn ein solches Gespräch findet in keinem Betrieb statt. Wir haben es erfunden, inklusive vierstündigem Sektfrühstück beim Chef.

Das zweite Protokoll ist leider nicht so erfunden. Es ist eine Mitschrift vieler Gespräche, die sich wirklich so abgespielt haben und täglich abspielen. Unzählige Mitarbeiter aus sehr vielen unterschiedlichen Unternehmen haben uns davon berichtet.

Das erste Beispiel enthält etwas, das im zweiten restlos abgeschafft ist: Menschlichkeit. Der Chef nimmt wahr, dass Sie als Mitarbeiter nicht nur ein Automat sind, der Entwürfe auf Anforderung ausspuckt und zu ihm herüberbringt.

Wir haben mit Chefs gesprochen, die sich eher am »tut, tut«-Stil orientieren. Wir haben deutlich gesagt, dass man – von vollwertigem Mensch zu vollwertigem Mensch – auch anders kommunizieren kann. Die Chefs waren erstaunt und haben uns das geantwortet:

---

**E-Mail**                                                              ☒

| An: | mail@kitz-tusch.com |
| Betreff: | Ihre Anfrage |
| Von: | chefs@tut-tut.tut |
| Priorität: | !!! |

Herr Kitz, Herr Tusch –

Sie kritisieren unseren oft knappen Kommunikationsstil. Wir möchten niemandem auf die Füße treten. Aber wir sind der Meinung: Im Büro wird gearbeitet; gekuschelt wird zu Hause. Dieses ganze Höflichkeits-Bla-Bla, das sind doch alles nur nichtssagende Floskeln, Zeitverschwendung. Sie bringen keinem etwas und hindern uns alle am effizienten Arbeiten. Das allein ist und bleibt aber unsere Aufgabe.

Chefs

---

## Wie man sich Menschen vom Leib hält

Der Konflikt lautet also: Effizienz gegen Höflichkeits-Bla-Bla. Keiner bringt diesen Konflikt derart auf den Punkt wie der Autor Timothy Ferriss – und keiner entscheidet ihn derart kompromisslos zugunsten der Effizienz wie er. Timothy Ferriss ist selbst Unternehmer, und er kann Ineffizienz nicht ausstehen. In seinem Kultbuch *Die 4-Stunden-Woche* erklärt er im Kapitel »E wie Eliminieren«, wie Sie alle »Zeitverschwender« restlos ausschalten und so effizienter sollen arbeiten können. Seine Empfehlung: »Werden Sie ein Ignorant.«

Wie sieht nun ein perfekt-effizienter Arbeitsalltag aus, wie ihn sich der Chef Timothy Ferriss stellvertretend für viele Chefs wünscht?

In etwa so: Wenn das Telefon klingelt, empfiehlt Ihnen Ferriss, Sätze wie »Was gibt es?« oder gar »Wie geht es?« grundsätzlich aus Ihrem Repertoire zu streichen. Denn: Der Anrufer könnte sonst abschweifen und Sie »in ein Gespräch über Nichtigkeiten verwickeln«. Stattdessen rät Ferriss, jeden Anrufer mit der Begrüßung »Ich stecke gerade mitten in einer Sache, wie kann ich Ihnen helfen?« gleich in seine Schranken zu verweisen und ihn auf diese Weise »nicht zum Schwatzen« zu ermutigen.

Diese Regel gilt ohnehin nur, wenn überhaupt ein Anrufer durchkommt – denn das Bürotelefon sollte laut Ferriss grundsätzlich stumm geschaltet sein und nur einen Anrufbeantwortertext abspielen. Dieser Text wiederum enthält die Anweisung, eine E-Mail zu schicken oder eine Nachricht zu hinterlassen.

Der Gipfel des effizienten Arbeitens ist demnach erklommen, wenn der direkte Kontakt mit anderen Menschen so gut wie abgeschafft ist. Dementsprechend warnt Timothy Ferriss abschließend auch eindringlich: »Dulden Sie keine Besucher, die nur ein Schwätzchen halten wollen.« Und erzählt stolz, wie er selbst erfolgreich jeden Eindringling in sein Büro abwimmelt: indem er ständig ein Telefon-Headset auf dem Kopf trägt und ein laufendes Telefonat vortäuscht, sobald sich ihm ein Mensch aus Fleisch und Blut nähert und ihn zu belästigen droht.

Ist das effizientes Arbeiten? Ohne Frage!

Effizient ist, was mit dem geringsten nötigen Aufwand zum Ziel führt. Und der Plausch am Kaffeeautomaten oder das »Wie geht es Ihnen?« am Telefon ist nicht nötig, um Arbeit zu erledigen.

Es sind es vor allem die Chefs, die dieses Denken bereits stark verinnerlicht haben. Vor allem sie achten darauf, dass am Arbeitsplatz die Arbeit erledigt wird. Und ein »Hallo Herr Schulte« am Anfang einer E-Mail oder eines Telefonats bringt das Abteilungsergebnis eben nicht weiter.

Das Problem ist, dass nach und nach immer mehr wegfällt: erst die Höflichkeitsformeln, dann die Anreden, dann die Namen selbst. Eine E-Mail, die früher lautete

– »Hallo Herr Schulte, könnten Sie bitte mal über den angehängten Entwurf schauen?«,

verkümmert nach und nach zu

– »Herr Schulte – könnten Sie bitte mal über den angehängten Entwurf schauen?«

und schließlich nur noch zu

– »Bitte Entwurf prüfen«.

Irgendwann fällt auch noch das Wort »bitte« weg – »denn der Schulte wird doch bezahlt dafür, da brauche ich ihn wahrlich nicht groß zu bitten«, denkt die Chefin, »das wäre ja wohl noch schöner«. Und stand früher in einem Protokoll:

– »Frau Müller klärt mit Herrn Valentin, wie die Kundenbroschüre am besten aussehen sollte«,

so hat sich heute eingebürgert:

– »VM klärt Kundenbroschüre mit SV«.

So sprechen wir inzwischen mit und über Menschen.

### Was daran falsch ist

Was ist nun falsch daran, auf Effizienz zu achten? Grundsätzlich nichts. Wie wir schon im ersten Kapitel gesehen haben, geht viel Arbeitszeit für – sagen wir: sachfremde – Dinge verloren, und der Chef hat ein Interesse daran und ein Recht darauf, dass Ihre Aufmerksamkeit auf den Arbeitsergebnissen liegt. Und seine Mitarbeiter an den Hauptzweck ihrer Anwesenheit zu erinnern, die in der Tat nicht darin besteht, täglich einen zweistündigen Plausch in der Kaffeeküche zu halten.

Aber, liebe Chefs, vergessen Sie bitte auch folgende Rechnung nicht: Wir verbringen täglich durchschnittlich acht bis neun Stunden bei der Arbeit, das sind pro Woche etwa 45 Stunden, pro Monat 175, im Jahr dann 2100 Stunden – Überstunden und Urlaub nicht mitgerechnet. Nach 40 Arbeitsjahren – es werden ja eher mehr als weniger – haben wir circa 85000 Stunden gleich 5040000 Minuten gleich läppische 302400000 Sekunden miteinander bei der Arbeit verbracht.

Die Arbeit ist ein Teil unseres Lebens, und zwar ein ziemlich großer!

Wir schalten nicht morgens unser Leben ab und den Arbeitsroboter ein, dessen Effizienz sich mit ein paar sachlichen, emotionsfrei erteilten Befehlscodes (»SV dies und das tun…«) immer weiter bis auf 100 Prozent steigern lässt.

So funktionieren wir Menschen nicht!

Wir sind und bleiben auch auf der Arbeit Menschen. Um unsere Leistung zu steigern, gibt es einen geheimen Trick, der sich grundlegend von der Methode unterscheidet, mit der man die Leistung eines Roboters steigert: Behandeln Sie Menschen auch auf der Arbeit wie Menschen!

Das bedeutet nicht, dass Mitarbeiter ein tägliches vierstündiges Sektfrühstück brauchen, nur weil sie Menschen sind. Wir werden uns alle darin einig sein, dass das »Sektfrühstück« am Anfang dieses Kapitels weder wünschenswert noch praktikabel ist: Unsere Chefin ist – zumindest in den allermeisten Fällen – nicht unsere beste Freundin, und wir möchten auch nicht mit ihr so reden (müssen) und von ihr so behandelt werden, als wäre sie es. Selbst wenn wir es wollten: Es sprengt die cheflichen Zeitressourcen, sich für jeden Mitarbeiter auf diese Weise zu interessieren und sich derart ausgedehnt mit ihm zu unterhalten. Das ist ähnlich wie mit der persönlichen Anerkennung, für die wir in Kapitel 6 ja die aufschlussreiche »x-mal-drei-Minuten-Rechnung« kennen gelernt haben.

Doch zwischen »tut, tut, tut« und »Sektfrühstück« liegt ein breites Spektrum. Es gibt ein paar elementare Höflichkeitsregeln, mit denen wir uns gegenseitig den Respekt und die Achtung entgegenbringen, die wir als Menschen dringend voneinander brauchen und daher auch erwarten dürfen. Zu jeder Zeit und an jedem Ort. Auch und gerade am Arbeitsplatz. Sie zu beachten ist keine Zeitverschwendung, sondern schafft eine Atmosphäre, in der wir Menschen gute Arbeit leisten können und werden. Eine Atmosphäre des Respekts.

## Die Formel vom »Return on Respect«

Diese Investition lohnt sich nachweislich: Im Rahmen ihrer jährlichen *What's-Working*-Studien untersuchte die Unternehmensberatung Mercer International, welche Faktoren hauptsächlich motivierend auf Mitarbeiter wirken. Das Ergebnis: Auf den ersten beiden Plätzen stehen »Respekt« und die »Menschen, mit denen man zusammenarbeitet« – in Deutschland und weltweit. Ob wir den Menschen Veronika Müller auf das Kürzel »VM« reduzieren oder nicht, das kann für die Frage, wie sehr sich Frau Müller im Betrieb engagiert, einen Unterschied wie Tag und Nacht bedeuten. Wir nennen das den »Return on Respect«, eine besondere Form des allseits bekannten »Return on Investment«. Und weil es sich dabei nicht um einen Menschen handelt, kürzen wir ihn ROR ab. Lassen Sie uns daher einen Moment innehalten und die grundlegenden Regeln des Respekts aufschreiben, von denen wir alle profitieren und die an jeder Bürotür hängen sollten. Wenn Sie mögen, können Sie diese Regeln auch auf www.wenn-der-chef-nervt.de herunterladen.

### Wir sind Menschen, lieber Chef!

### Wir haben Namen.

Wir sind keine Personalnummer und kein Namenskürzel. Unser Name besteht aus einem Vornamen und einem Nachnamen, die Anrede lautet auf »Herr« oder »Frau«. Das gilt in der Kaffeeküche ebenso wie im Sitzungsprotokoll und im Abteilungsmemo.

### Wir nehmen uns gegenseitig wahr.

Wenn wir uns begegnen, schauen wir uns an und grüßen uns, anstatt aneinander vorbeizulaufen wie an einer Straßenlaterne. Das gilt auch dann, wenn wir uns mehrfach am Tag begegnen – nur weil wir jemanden heute schon einmal gesehen haben, wird er nicht für den Rest des Tages vom Menschen zur Straßenlaterne.

### Wir pflegen Umgangsformen.

Wenn wir miteinander kommunizieren, gibt es eine Anrede, eine Grußformel und eine Abschiedsformel. Unsere E-Mails unterscheiden sich auf diese Weise vom Befehls-Quellcode eines Computerprogramms.

**Wir haben auch bei der Arbeit ein Sozialleben.**
Wir sprechen miteinander, denn das Bedürfnis nach sozialer Kommunikation ist ein menschliches Grundbedürfnis, auch am Arbeitsplatz. Wir dürfen darüber sprechen, wie gut das Wochenende war und wie schlimm der Liebeskummer gerade ist, denn diese Dinge gehören zu unserem Menschsein dazu.

**Wir haben auch bei der Arbeit eine Privatsphäre.**
Eine lückenlose, gar heimliche Überwachung unseres gesamten Arbeitslebens nimmt uns unsere menschliche Würde und erniedrigt uns zum Überwachungsobjekt. Jeder Mensch braucht einen unbeobachteten Freiraum, auch bei der Arbeit. Sonst kann er nicht atmen und nicht leben.

**Wir sind nicht perfekt.**
Wir machen Fehler, auch wenn wir uns noch so anstrengen. Wir sind auf die Macht der Vergebung angewiesen. Das unterscheidet uns von einem Computerprozessor. Dafür sehen wir auch besser aus als er.

## Was Chefs tun können

Wenn Sie, liebe Chefs, zu einer speziellen Form der Unhöflichkeit – zu Wutausbrüchen – neigen und vielleicht auch noch Fußballfan sind, dann können Sie noch weiter vorbeugen: Wutausbrüche sind nämlich nicht nur unhöflich. Man untergräbt seine eigene Autorität, wenn man seine Launen nicht im Griff hat – »der Wüterich kommt sich häufig selbst albern vor«, schreibt zu Recht zu dem Thema Friederike Haupt in der *Frankfurter Allgemeinen Zeitung*. Glauben Sie nicht? Schauen Sie sich auf einer Video-plattform im Internet ein paar bekannte Wutausbrüche von Fuß-balltrainern an: die legendäre »Ich habe fertig!«-Rede von Gio-vanni Trapattoni zum Beispiel oder den Ausraster von Uli Hoeneß. Müssen Sie lachen? So ergeht es auch Ihren Mitarbei-tern, wenn *Sie* sich nicht unter Kontrolle haben. Speichern Sie die Videos in Ihren Favoriten ab und rufen Sie sie bei Bedarf auf.

### Was Mitarbeiter tun können

Klingt das gut, liebe Mitarbeiter? Fein, dann fehlt jetzt nur noch eines: Nehmen Sie unsere kleine Menschenrechtserklärung und schreiben Sie mit der Hand groß darüber

## »Mein Freibrief«

Und nun streichen Sie diese Worte gleich wieder durch:

## ~~»Mein Freibrief«~~

Denn so sehr wir auch Mensch sind, dürfen wir trotzdem nicht vergessen, dass wir unser Geld für unsere Arbeit bekommen, nicht für unser Menschsein als solches. Unser Chef darf – das hatten wir schon im ersten Kapitel – grundsätzlich von uns ver-langen, dass wir bei der Arbeit arbeiten. Damit wir also unser Menschsein, so schön es ist, nicht völlig in den falschen Hals bekommen, notieren wir uns auf einem Spickzettel ein paar Klar-stellungen (auch zu finden auf www.wenn-der-chef-nervt.de):

**Menschsein heißt nicht, dass mein Chef …**

■ an meinem gesamten Privatleben teilhaben, sich alle meine Geschichten anhören und ständig auf meine täglichen Launen Rücksicht nehmen muss,

■ jeden Arbeitsauftrag in Watte verpacken muss und mir nur noch wortreich unter vielen Entschuldigungen und freundlichen Worten erteilen darf,

■ mir aufmunternd zunicken muss, wenn der private Plausch in der Kaffeeküche in die dritte Stunde geht,

■ nicht grundsätzlich kontrollieren darf, was und wie ich arbeite und wie ich die Arbeitsmittel benutze, die er mir zur Verfügung stellt,

■ meine Fehler nicht kritisieren und von mir erwarten darf, dass ich sie nicht ein zweites Mal mache.

### Das Arschloch-Dilemma

Nun haben wir viel darüber gesprochen, dass manche Vorgesetzte manche menschlichen Züge aus Produktivitätsgründen etwas kritisch sehen.

Wie steht es aber mit den Mitarbeitern?

Auch bei den Mitarbeitern untereinander gibt es eine traurige Entwicklung: Immer mehr macht sich auch hier der Wunsch breit, sich den Kontakt mit anderen Menschen bei der Arbeit möglichst vom Leib zu halten. Die Idee, den direkten Kontakt mit »echten« Menschen aus seinem Arbeitsleben zu eliminieren, hat Konjunktur. Timothy Ferriss empfiehlt sie in *Die 4-Stunden-Woche* jedem Mitarbeiter als Rezept für schnelleres Arbeiten und mehr Freizeit.

Auch der Journalist Markus Albers gibt in seinem Buch *Morgen komm ich später rein* eine Anleitung dazu, wie man sich nach und nach aus dem lästigen Büroalltag verabschiedet. Denn: »Selbst die klugen und netten Kollegen stehlen unsere Arbeitszeit«, ist er überzeugt. Und fügt ein Zitat der Journalistin Eva Busse hinzu, die ihm sagte: »Die produktivste Zeit im Büro waren für mich immer die ersten zwei, drei Monate, wenn man noch nicht so viele Menschen kennt. Danach fangen die sozialen Kontakte an.«

Gepriesen wird das mobile, ortsunabhängige Arbeiten am Laptop, bei dem wir Kontakt mit der Außenwelt höchstens noch über E-Mail, SMS und Mailboxen haben. Kein zeitfressender Plausch mehr in der Kaffeeküche und schon gar keine überflüssige Plauderei in Sitzungen und Besprechungen.

Viele sehnen sich nach einer solchen Welt, und das ist kein Wunder: Die Arbeitnehmer in Deutschland empfinden »ständige Störungen« bei der Arbeit mittlerweile als eine ihrer Hauptbelastungen – vor allem, wenn sie in einem Büro oder in einem technischen Beruf arbeiten. Das war das Ergebnis einer Erwerbstätigenbefragung der Bundesanstalt für Arbeitsschutz und Arbeitssicherheit. 20 000 Menschen hatte man für die Studie befragt, und ein Großteil klagte darüber, dass das Telefon alle paar Minuten ihre Konzentration stört, E-Mails am laufenden Band in die Mailbox flattern und bearbeitet werden wollen und in der Bürotür ständig jemand lehnt, der dringend etwas besprechen möchte und sich durch nichts abwimmeln lässt.

In den USA hat die Soziologin Gloria Mark den Angestelltenalltag untersucht. Die Ergebnisse kommen sicherlich auch Ihnen bekannt vor: Durchschnittlich alle elf Minuten wurden die Arbeitnehmer von ihrer Arbeit abgelenkt – persönlich, am Telefon, mit einer E-Mail oder einer Instant Message. Jeweils 25 Minuten später konnten sie sich wieder ihrer liegen gelassenen Arbeit widmen. Von den elf Minuten bis zur nächsten Unterbrechung brauchten sie acht Minuten, um den verlorenen Faden wieder aufzunehmen. Das Ergebnis: Konzentration in Drei-Minuten-Häppchen.

Lästig, so ein Arbeitsalltag. Da vergisst man schnell einmal etwas sehr Wichtiges: dass all diese »Störungen« Menschen sind. Menschen, mit denen jeder von uns einmal so gern zu tun haben wollte – denn haben wir nicht alle einmal den Satz gesagt: »Ich möchte mal in einem Beruf arbeiten, in dem ich mit Menschen zu tun habe«? Da haben wir sie nun, unsere Menschen – Chefs, Kolleginnen, Kunden. Und nun zählen wir sie nur in Form von »Störungen«.

Und viele bekämpfen diese »Störungen« – sind gereizt, wimmeln sie ab, herrschen sie an. E-Mails, die nerven und nicht gerade vom Chef kommen, bleiben unbeantwortet. Von wem man nicht direkt abhängig ist, den ignoriert man. Das fühlt sich gut an.

Und schlimmer noch: Robert I. Sutton beschreibt in seinem Buch *Der Arschloch-Faktor*, dass ein solches Verhalten auch heutzutage noch viel zu oft als »kompetent« wahrgenommen wird. Wer ein Arschloch ist, kann manchmal schneller aufsteigen, so seine traurige Analyse. Der Journalist Wolf Schmidt bringt es in seinem Artikel »Zu nett für deinen Job« in der Zeitschrift *NEON* auf die Formel »nett, netter, erfolglos«. Es steige derjenige auf, der das beherrscht, was Soziologen »Mikropolitik« nennen: »der Einsatz von Ellbogen, das Schmieden von Koalitionen, kurzum: das Beherrschen der Büromachtspiele«. Robert I. Sutton rechnet in *Der Arschloch-Faktor* aber auch vor, wie hoch die »Arschlochgesamtkosten« pro Unternehmen sind und wie wir alle diese hohen Kosten bezahlen. Wir vergiften unsere eigene Arbeitsatmosphäre, machen uns selbst die Stunden zur Qual.

Wie kommen wir aus diesem Dilemma wieder heraus?

## Was Mitarbeiter tun können

Nun, die Lösung haben wir oben bereits kennen gelernt. Zu jeder Menschenrechtserklärung gibt es einen Spickzettel. Der richtige Mittelweg heißt: Die Regeln, die wir oben für unseren Chef aufgestellt haben, sollten auch die Mitarbeiter im Umgang mit den Kollegen hochhalten.

Das bedeutet aber nicht, dass die Kollegen, bloß weil sie Menschen sind, einen Freibrief haben, Ihnen auf der Nase herumzutanzen. Sie können also durchaus dem in der Tür lehnenden Kollegen sagen, dass momentan nicht der passende Augenblick für eine ausführliche Wochenendberichterstattung ist – und ihn gleichzeitig als Menschen und nicht als »Störung« wahrnehmen und behandeln. Wenn wir alle lernen, den Gedanken »Störung« in »Mensch wie ich selbst« umzudenken, dann ist das schon die halbe Miete.

Denn wie viel Mensch diese »Störung« war, merkt man oft erst, wenn der Mensch nicht mehr da ist. Wir haben mit so manchem Angestellten gesprochen, der sein Büro gegen einen Heimarbeitsplatz oder gegen eine selbstständige Tätigkeit von zu Hause aus eingetauscht hat. Die Erfahrungen waren fast immer ähnlich: Während der ersten vier Wochen tut die Ruhe gut. Himmlisch! Doch dann stellt sich regelmäßig ein Gefühl der Einsamkeit ein – und fast alle wünschen sich plötzlich die »Stö-

## Neuntes Gebot
## Du sollst die Menschen lieben

### Für Brötchen-Geber:

Du sollst daran denken,
dass du es nicht nur mit Personalnummern und
Namenskürzeln zu tun hast, sondern mit Menschen,
hinter denen jeweils eine ganze Persönlichkeit,
ein ganzes Leben und ein ganzes Schicksal stehen.
Du sollst in Meetings, Mails und in der Kaffeeküche
elementare Umgangsformen und Höflichkeitsregeln
beachten, auch wenn sie Zeit und Kraft kosten.
Sie geben dir Zeit und Kraft zurück.

### Für Brötchen-Nehmer:

Du sollst verstehen,
dass auch dein Chef jenseits seiner Rolle nur ein
Mensch ist, der die gleichen Bedürfnisse, Gefühle,
Probleme und Launen hat wie du. Es ist nicht verboten,
ihm menschliche Empfindungen zuzutrauen!
Du sollst daran denken, dass auch dein Chef Fehler
macht wie du und dass er niemals der perfekte
Menschenführer aus dem Motivationshandbuch
sein wird – wie du niemals der perfekte Mitarbeiter
aus der Mitarbeiterfibel sein wirst.

rungen« zurück, vor denen sie einst geflohen sind. Viel zu spät haben sie gemerkt, dass es die Menschen waren, die wir alle um uns herum brauchen.

Und viel zu spät räumt auch Timothy Ferriss schließlich in *Die 4-Stunden-Woche* ein, dass der von ihm vorgeschlagene Weg in die soziale Isolation führen kann. Auch Markus Albers gesteht in *Morgen komm ich später rein* dem Miteinander am Arbeitsplatz immerhin eine soziale Funktion zu. Beide Autoren treffen diese Feststellungen am Rande, in einem einzigen kleinen Satz. Dabei sind sie der Lebensatem der Arbeitswelt.

## Der Chef ist auch nur ein Mensch

Lesen wir zum Abschluss noch, was unsere Chefin heute in ihr Tagebuch geschrieben hat:

Liebes Tagebuch!

Mir geht es heute gar nicht gut. Was mir bei uns im Betrieb am meisten zu schaffen macht, ist die unendliche Einsamkeit. Wenn meine Mitarbeiter zum Essen gehen, fragt niemand, ob ich mitkommen will. Dabei muss ich auch täglich essen – und hätte liebend gern dabei einmal Gesellschaft. Klammheimlich hole ich mir jeden Tag eine Kleinigkeit vom Metzger gegenüber, wärme sie mir in der Mikrowelle auf und schlinge sie allein in meinem Büro herunter.
Mein persönlicher Referent, mit dem ich eigentlich gut auskomme,

hat Geburtstag gefeiert und in seinem Büro ein paar Muffins ausgegeben. Die ganze Abteilung war eingeladen – außer mir.

Woran liegt das?

Haben alle Angst vor mir? Bin ich so unausstehlich? Offenbar kann sich niemand vorstellen, dass man sich mit mir auch ganz normal unterhalten kann. Dass auch ich Blaubeermuffins mag!

Für meine Mitarbeiter bin ich nur eine Maschine, die Anweisungen gibt, kontrolliert und kritisiert. Eine Maschine ohne Regungen und Empfindungen. Man nennt mich auf den Fluren nur »die Chefin« – einen Namen habe ich nicht.

Heute ist mir ein kleiner Fehler unterlaufen. Ich habe Umsatzzahlen falsch zusammengerechnet, ein Mitarbeiter hat es bemerkt. Er hat verständnislos mit dem Kopf geschüttelt. Als er selbst letzte Woche etwas falsch gemacht hat, entschuldigte er sich damit, dass er auch nur ein Mensch sei. Und ich? Warum muss ich ein unfehlbarer Roboter sein?

Eine andere Mitarbeiterin kam heute zu mir und weinte sich lange bei mir aus. Sie mache gerade ihre Scheidung durch und sei »nicht ganz auf der Höhe«. Ich solle bitte Rücksicht nehmen. Das werde ich tun.

Ich selbst musste heute Morgen meine Mutter ins Krankenhaus bringen. Sie ist wahrscheinlich schwer krank. Das belastet mich, aber ich darf es nicht zeigen. Einer Chefin traut man nicht zu, dass sie die gleichen Probleme hat wie andere Menschen auch.

Warum?

Deine Ch.

Und denken wir darüber noch einen Moment nach.

■

# Zehntes Gebot
# Du sollst dem Himmel danken

Eines sonnigen Wintermorgens im Dezember, Büro Chef: »Guten Morgen, liebe Frau Ohnsorg-Bergenschrei. Diesen wundervollen Tag möchte ich gerne nutzen, um Ihnen den Jahresbericht und ein kleines Resümee zu diktieren. Würde Sie bitte zu mir rüberkommen?«

»Aber klar, Chef. Ich bin schon sehr gespannt, was es dieses Jahr bekanntzugeben gibt. Schießen Sie los…«

## Schnappi reloaded – was Chefs tun können

An alle Kundinnen und Kunden,
Mitarbeiterinnen und Mitarbeiter

Bericht zum Jahresende

Liebe Freundinnen und Freunde!

Das vergangene Jahr war sehr ereignisreich und wir haben gemeinsam viel bewegt.
Mein bester Dank gilt zunächst Ihnen, verehrte Kundinnen und Kunden, für die angenehme und bereichernde Zusam-

menarbeit. Wir sind glücklich, mit Ihnen arbeiten zu dürfen: Wir danken Ihnen für Ihre wunderbaren Aufträge, Ihre Treue, Ihr großartiges Engagement, die reibungslose Kommunikation und die vielen netten Kontakte und Gespräche, die Sie uns beschert haben – kurz: dafür, dass es Sie überhaupt gibt. Sonst gäbe es uns nämlich auch nicht.

Auch im kommenden Jahr werden wir wieder alles dafür tun, um unser befriedigendes und erquickliches Miteinander auszubauen!

Mein nächster, ebenfalls bester Dank gilt Ihnen, hoch geschätzte Mitarbeiterinnen und Mitarbeiter. Es fällt mir wahrlich schwer, in Worte zu kleiden, was ich empfinde, wenn ich mir bewusst mache, welch großen Beitrag Sie zu unserem harmonischen Firmenleben und zu unseren tollen Erfolgen leisten! Deshalb kann das, was ich hier darlege, auch lediglich als Fragment verstanden und der Wirklichkeit auch nicht ansatzweise gerecht werden:

Ich danke Ihnen, dass Sie unserem Unternehmen Ihre kostbare Zeit zur Verfügung gestellt und sich so engagiert, zuverlässig und gewissenhaft eingebracht haben – auch wenn Sie an der einen oder anderen Stelle sicherlich stark gefordert waren, sich hier und dort vielleicht etwas mehr Gestaltungsspielraum gewünscht hätten und schlussendlich unser Unternehmen ja nicht Ihr einziger Lebensinhalt ist.

Garantiert hätten Sie in der einen oder anderen Situation auch mehr Aufmerksamkeit und Anerkennung verdient, was der begrenzte Arbeitsalltag leider nicht immer zuließ – ich verspreche Ihnen: Wir arbeiten daran.

Die Firma und ich sind Ihnen überaus verbunden, dass Sie so offen und ehrlich mit uns in den Dialog gegangen sind, *dass es Ihnen stets gelungen ist, uns auf dem Laufenden zu halten - damit wir wissen, was an der Basis passiert. Wir sind froh, dass Sie für Ihre Tätigkeiten und Aktionen Verantwortung übernommen haben.*

*Danke auch für Ihre Loyalität den Kolleginnen und Kollegen, Ihren Vorgesetzten und unserem Unternehmen gegenüber - ich weiß dieses Fundament unseres gemeinsamen Erfolges sehr zu schätzen. Danke, dass Sie Menschen sind. Dass Sie unser Unternehmen jeden Tag mit Ihren individuellen Charakteren, Fähigkeiten und Lebenshintergründen bereichern. Dass ich nicht alleine vor einer weißen Wand sitzen muss - wie schrecklich einsam wäre das gewesen!*

*Und, zu guter Letzt: Auch ich bin nur ein Mensch - danke für Ihr diesbezügliches Verständnis und Ihre konstruktiven Hinweise!*

*Ich bin mir im Klaren darüber, dass die oben genannten Punkte zwar sehr schön, aber beileibe keine Selbstverständlichkeiten sind. Deswegen freue ich mich umso mehr darüber und mein Dank kommt von ganzem Herzen!*

*Auch auf die Gefahr hin, redundant zu werden: Ich kann mein Dankeschön an Sie alle nur nochmals wiederholen! Ich wünsche uns allen für die Zukunft nur das Beste und ein glückliches und gedeihliches neues Jahr!*

*Hochachtungsvoll und herzlich,*
*Ihr Schnappi*

»Potzblitz, Chef! Soll ich den Bericht gleich in die Post geben? Dann kommt er bei allen noch vor Weihnachten an. Die werden sich aber freuen!«

»Nein, das lassen Sie bitte erst einmal. Viel wichtiger ist vorher etwas anderes.« Ein breites Grinsen macht sich auf seinem Gesicht breit, bevor er fortfährt:

»Machen Sie doch bitte heute, an diesem schönen Sonnentag, einen kleinen Ausflug in die Stadt und besorgen Sie mir einen großen, goldenen Rahmen. Da stecken Sie diesen Brief rein und hängen ihn dann hierher – direkt über meinen Schreibtisch. Damit ich meine eigene Dankbarkeit jeden Tag vor Augen habe. Das haben mir die Frustjobkiller beim Coaching so empfohlen.«


### Die Macht der Dankbarkeit

Was geht hier vor sich? Und stecken wir wirklich dahinter?

Ja, wir geben es zu. Nachdem unser Sorgenkind den Coaching-Gutschein eingelöst und wirklich sehr brav und gewissenhaft seine Lektionen gelernt hat, will er an diesem denkwürdigen Morgen alles richtig machen und hat sich sehr, sehr große Mühe gegeben. Wir haben Schnappi empfohlen, einmal aufzuschreiben, welche guten Menschen und Ereignisse er in diesem Jahr erfahren durfte. Dinge, die er schätzen kann, für die er dankbar sein kann. Man vergisst solche Dinge ja schnell. Und manchmal bemerkt man sie erst gar nicht – wenn man sie nicht systematisch aufschreibt.

Warum haben wir ihm diese Empfehlung gegeben?

Im sechsten Kapitel haben wir bereits die »Lobwüste« kennen gelernt, die dürr und trocken ist, weil nur wenige Chefs gegenüber ihren Mitarbeitern ausreichend Anerkennung und Dankbarkeit äußern.

In diesem Kapitel wollen wir noch etwas grundsätzlicher werden. Wir wollen über die innere Dankbarkeit der Menschen sprechen. Sie ist Voraussetzung für ein inneres Gleichgewicht, auf dem allein ein souveräner Umgang miteinander aufbauen kann.

Von einem solchen Gleichgewicht ist die Realität leider oft entfernt: Wir Menschen leben in einer Kritikgesellschaft, in einer Meckerwelt, einer Nörgelkultur – gleichzeitig sehnen wir uns alle nach Anerkennung und Wertschätzung. Diesen gravierenden Widerspruch können wir nur auflösen, indem wir bei uns selbst beginnen, indem wir verstärkt innere Zufriedenheit und Dankbarkeit entwickeln. Wie das im Detail funktioniert, das besprechen wir gleich in aller Ruhe.

Zunächst wollen wir klären, was Dankbarkeit genau ist und was sie für uns und andere bewirken kann.

Dankbarkeit ist eine innere Haltung, die eintritt, wenn wir etwas bekommen und uns darüber freuen. Sie ist die Anerkennung des Erhaltenen und die Bereitschaft, es zu erwidern. Wir werden weich und offen. Wir werden ermutigt, unser angenehmes Gefühl auszudrücken und zu leben.

Voraussetzung unserer Dankbarkeit ist, dass wir die Wohltat nicht einfordern können, aber trotzdem bekommen. Schnappi hat in seinem Dankesbrief erkannt, dass es nicht selbstverständlich ist, überhaupt Mitarbeiter zu haben – geschweige denn, gute. Hierauf hat niemand einen Anspruch.

## Auch Mitarbeiter dürfen dankbar sein

All das gilt, wie Sie sich nach der bisherigen Lektüre dieses Buches denken können, natürlich mal wieder nicht nur für Ihren Chef. Sondern genauso für Sie selbst als Mitarbeiter. Nachdem Schnappi begriffen hat, dass Dankbarkeit der Schlüssel für ein faires und befriedigendes Miteinander ist, hat er nämlich durchaus auch ein paar veränderungswürdige Aspekte bei seinen Angestellten entdeckt – wir wollen Ihnen, liebe Leserinnen und Leser, nicht verheimlichen, dass er am späteren Abend seiner reizenden Gattin sein Herz ausgeschüttet hat:

»Du hast ja mitbekommen, was die letzte Zeit los war, dass ich mich von den Frustjobkillern habe coachen lassen. Heute habe ich meiner sehr geschätzten Sekretärin Frau Ohnsorg-Bergenschrei den Jahresbericht diktiert – darüber bin ich sehr nachdenklich geworden. Ich habe jetzt erkannt, wie wichtig es ist, dass ich nicht immer alles als selbstverständlich hinnehme, dass ich Dankbarkeit empfinde und auch äußere. Und auf einmal wurde ich ganz traurig. Denn: Auch ich als Chef wünsche mir nichts sehnlicher, als echte Dankbarkeit bei meinen Leuten wahrzunehmen.

Mir ist bewusst, dass noch ein hartes Stück Arbeit vor mir liegt, wenn ich meine eigenen Ziele umsetzen möchte – von denen ich erkannt habe, dass sie allen, meinen Angestellten, unserer Firma und mir selbst, guttun und uns gemeinsam vorwärtsbringen.

Ich habe gelernt, wie wichtig es ist, meine Mitarbeiter gerecht zu entlohnen, ich versuche, sie weitgehend in Entscheidungen einzubinden, damit sie sich mit dem Ergebnis identifizieren können. Mehr denn je bin ich bemüht, Ihnen durch klare und präzise Ansagen den Arbeitsalltag und die Kommunikation zu erleichtern und meine Entscheidungen nachvollziehbar zu machen. Ich respektiere den Feierabend und die Freizeit meiner Angestellten, und dass ihr Job nur ein Job ist. So, wie ich ihnen heute gedankt habe, gebe ich jetzt grundsätzlich Rückmeldung und erkenne ihre Leistungen an. Bin offen und ehrlich in der Kommunikation und informiere sie über meine Entscheidungshintergründe. Ich setze mich für meine Mitarbeiter ein und fördere sie. Sehe in jedem auch die Persönlichkeit, den Menschen.

Und weißt du was?

Manchmal wünsche ich mir ein stärker ausgeprägtes Bewusstsein für all das bei meinen Mitarbeitern. Dankbarkeit für Menschen und Dinge, die alles andere als selbstverständlich sind. Die kostenlose Handynutzung in der Freizeit, unsere Wohnungsbörse, die Rückenschule, die wir unseren Leuten anbieten – all das sollte eigentlich einmal meine Leute motivieren. Der Effekt hat sich aber abgenutzt, weil jeder die Dinge, die er hat, inzwischen als völlig selbstverständlich hinnimmt. Ich bin überzeugt davon, dass etwas mehr Demut und Dankbarkeit für uns alle das Betriebsklima im kommenden Jahr noch einmal sehr verbessern können. Daran möchte ich gerne mit meinen Leuten arbeiten.«

### Merci, dass es dich – Horrorboss – gibt!

Was ist dran an Schnappis Worten? Wie viel Dankbarkeit ist auch auf Ihrer Seite angebracht, wenn so viel stört und nervt? Darf man sich nicht mehr beklagen?

Schauen wir uns Ihre Situation ein wenig genauer an: Bei der derzeitigen Arbeitslosenquote von durchschnittlich 8 Prozent und damit circa 3,5 Millionen Betroffenen allein in Deutschland ist es gar nicht so selbstverständlich, dass Sie überhaupt arbeiten können und dürfen. Viele Menschen haben keinen Job und täten nichts lieber, als sich abends bei ihren Freunden oder ihrem Partner über den nervigen Chef aufzuregen, über die lästigen Kolleginnen und die frechen, fordernden Kunden, statt sich mühsam von Amt zu Amt zu schleppen und jeden Euro zweimal umdrehen zu müssen.

Nur damit wir uns richtig verstehen: Das ist kein Totschlagargument, mit dem aus Vorgesetztensicht von nun an jeder Missstand gerechtfertigt werden darf. Der Satz »Seien Sie doch dankbar, dass Sie überhaupt einen Job haben – anderen geht es viel schlechter als Ihnen« rechtfertigt keine menschenunwürdige Bezahlung und keine Sklavereibedingungen.

Und trotzdem: Es ist wichtig, dass wir uns hin und wieder daran erinnern. Dass Sie, liebe Leserinnen und Leser, sich immer wieder neu sensibilisieren. Für das, was wir gerne als alltäglich und selbstverständlich hinnehmen – was es aber nicht ist. Diese

Denkweise erleichtert es uns, die Dinge realistischer zu sehen und ihnen gegenüber Wertschätzung und Dankbarkeit zu empfinden. Wie schnell wir uns gerade auch im Arbeitsleben an Dinge gewöhnen und sie als selbstverständlich hinnehmen, verdeutlicht ein Beispiel aus jüngerer Zeit: Als in Deutschland die Forderung aufkam, Arbeitnehmer sollten auf eine Woche Jahresurlaub verzichten, um Arbeitsplätze zu sichern, kam es zu einem Sturm der Entrüstung. Bei einer Befragung der deutschen Arbeitnehmer zeigten sich zwei Drittel über alle Maßen empört über diesen Vorschlag. Nun ist es natürlich wichtig und richtig, seine Errungenschaften zu verteidigen – nicht zuletzt, da fünf Wochen Jahresurlaub durchaus sinnvoll sind, um die eigene Arbeitskraft ausreichend regenerieren zu können. Problematisch hingegen war die Grundlage, auf der unsere Diskussion stattfand: Wir verteidigten unseren fünfwöchigen Mindesturlaub wie ein selbstverständliches, angeborenes und unveräußerliches Menschenrecht. Dass es auch anders sein könnte, schien uns völlig undenkbar. Dass es eine solche Regelung in kaum einem anderen Land der Welt gibt, vergessen wir dann schon mal gerne. Wollen wir zum Beispiel in den USA eine Pauschalreise buchen, finden wir praktisch keine Angebote, die über fünf bis sieben Tage hinausgehen. Warum? Weil das der Jahresurlaub ist, den viele Amerikaner haben.

### Lieber ausgebrannt als ausgelangweilt

Und selbst wenn Sie Arbeit haben, ist es alles andere als selbstverständlich, dass Sie auch *tatsächlich* Arbeit haben.

Wie das? Über 30 Prozent der Arbeitnehmer leiden an Unterforderung am Arbeitsplatz, dem sogenannten Boreout-Syndrom. Im fünften Kapitel haben wir das Problem Burnout thematisiert, das Ausbrennen, die Überbelastung. Beim Boreout haben wir es mit dem Gegenteil zu tun – das sich allerdings nicht minder belastend und gravierend auf unsere Psyche und unseren Körper auswirkt. In ihrem Buch *Diagnose Boreout* beschreiben die Autoren Philippe Rothlin und Peter Werder die Auswirkungen von chronischer Unterforderung am Arbeitsplatz: Die Symptome sind Müdigkeit, Desinteresse, schlechte Laune, Leidenschaftslosigkeit, Langeweile und Identifikationsprobleme – alles keine Kleinigkeiten. Menschen, die das Boreout-Syndrom gepackt hat, sind nicht faul. Sie wollen gerne arbeiten, doch die Arbeit oder das Unternehmen gibt ihnen nicht die nötige Auslastung.

Diese dauerhafte Unterforderung klingt zunächst und kurzfristig einmal entspannend und wünschenswert (»Toll, endlich habe ich Zeit, mein Ebay-Profil aufzumotzen«). Sie führt mittel- und langfristig jedoch eher zu mehr statt weniger Stress. Der Arbeitsplatz wird zunehmend zum unangenehmen Wartezimmer, in dem man ständig auf die Uhr schaut, in der Hoffnung, dass eine weitere Minute verstrichen ist. Man fühlt sich nutzlos und ungebraucht – das in jedem Menschen vorhandene Bedürfnis nach Anerkennung und Dank kann nicht befriedigt werden.

Paradoxerweise wenden die Betroffenen verschiedene Verhaltensstrategien an, um beschäftigt zu wirken und sich zusätzliche Arbeit vom Leib zu halten – was den Zustand der Unzufriedenheit zementiert: Sie reservieren Sitzungszimmer für private Gespräche, bleiben länger im Büro, auch wenn sie eigentlich nichts zu tun haben, oder nehmen die nicht vorhandene Arbeit in Aktenkoffern mit nach Hause. Immer nach dem Motto »Lieber ausgebrannt erscheinen als ausgelangweilt« – so Andreas Maisch in seinem *Welt-Online*-Artikel »Auch Langeweile im Job kann krank machen«. Sie tun dies, weil sie davon ausgehen, dass es erstrebenswert sei, bei der Arbeit wenig bis nichts zu tun. Dabei ist das über längere Zeit andauernde Nichtstun der blanke Horror! Wenn Sie also nicht nur formal einen Job haben, sondern auch einen Chef, der Sie mit »echter« Arbeit versorgt, der Sie herausfordert und Ihnen das Gefühl vermittelt, dass Sie gebraucht werden – dann ist das im doppelten Sinne nicht selbstverständlich. Und ein doppelter Grund, dankbar zu sein.

## Besten Dank für den Moment

Dass so vieles in unserem Arbeitsalltag, in unserem Miteinander nicht selbstverständlich ist: Das haben wir auf den letzten Seiten ausgiebig besprochen. Dass es uns und unserem Umfeld hilft, wenn wir das nicht Selbstverständliche würdigen können, wissen wir jetzt auch. Ob Mitarbeiter oder Chef – am Ende sind wir alle gleich. Wir sind alle nur Menschen und haben grundsätzlich die gleichen Bedürfnisse, wollen uns wohlfühlen, wünschen uns Anerkennung und Wertschätzung. Diese Anerkennung und Wertschätzung können wir nur erhalten und selbst spenden, wenn wir zunächst unsere eigene, innere Zufriedenheit und Dankbarkeit gezielt ausbauen.

Bleibt also die Frage: Wie können wir das tun? Wie können wir unsere Dankbarkeit kultivieren?

Denn Dankbarkeit zu empfinden, ist gar nicht so leicht. Warum ist das so? Mindestens zwei Ursachen gibt es dafür.

Die eine ist unsere permanente Zukunftsorientierung. Sobald wir etwas erreicht haben, vergessen wir schon wieder, dass wir es erreicht haben. Unser Geist dreht sich immer schneller, immer weiter. Unsere Gedanken kreisen um die Zukunft und um das, was wir noch nicht haben, was wir noch wollen und ohne das wir vermeintlich nicht glücklich sein können. So sind wir mit unseren Gedanken stets in der Zukunft, bei Plänen und Projekten, bei neuen Aufgaben, bei der Beförderung, bei einem neuen Arbeitgeber, bei mehr Gehalt, bei anderen Kollegen, bei einem Dienstwagen. Kein Wunder, dass wir damit nicht glücklich sind!

Natürlich ist es nicht schädlich oder schlecht, sich Gedanken über die Zukunft zu machen. Immerhin bilden wir alle gemeinsam ein großes System, in dem wir miteinander verbunden sind und innerhalb dessen sich die Handlungen des einen auf das Dasein des anderen auswirken. Da muss geplant werden, damit es nicht zu einem großen Chaos kommt. Doch wenn diese Planungen und Gedanken uns voll erfassen, dann bleibt kein Raum dafür, die Gegenwart zu schätzen – was wir sind und was wir haben. Dabei ist diese Gegenwart so wichtig: Denn der Moment – mit all dem, was gerade ist – ist das Einzige, was wir *wirklich* haben. Die Vergangenheit ist vorbei. Die Zukunft ist noch nicht gekommen. Und das Grübeln über das Kommende macht uns den Moment nicht angenehmer.

## Wie beide Seiten gewinnen

Rücken wir also – liebe Mitarbeiter und liebe Chefs – das in den Blickpunkt, was wir bisher geschafft und erreicht haben. Konzentrieren wir uns auf unser Jetzt. Trainieren wir unsere Dankbarkeit. Dabei kann eine eindrucksvolle statistische Überlegung helfen, die sich als Botschaft eines anonymen Urhebers über die Welt ausbreitet und die daher auch Sie vielleicht kennen, weil Sie Ihnen schon einmal jemand geschickt hat. Sie können sie auf www.wenn-der-chef-nervt.de herunterladen.

### Anleitung zum Dankbarsein

■ Wenn du heute Morgen aufgestanden bist und eher gesund als krank warst, hast du ein besseres Los gezogen als die Millionen Menschen, die die nächste Woche nicht mehr erleben werden.

■ Wenn du noch nie in der Gefahr einer Schlacht, in der Einsamkeit der Gefangenschaft, im Todeskampf der Folterung oder im Schraubstock des Hungers warst, geht es dir besser als 500 Millionen Menschen.

■ Wenn du zur Kirche gehen kannst, ohne Angst haben zu müssen, bedroht, gefoltert oder getötet zu werden, hast du mehr Glück als drei Milliarden Menschen.

■ Wenn du Essen im Kühlschrank, Kleider am Leib, ein Dach über dem Kopf und einen Platz zum Schlafen hast, bist du reicher als 75 Prozent der Menschen dieser Erde.

■ Wenn du Geld auf der Bank, in deinem Portemonnaie und im Sparschwein hast, gehörst du zu den privilegierten 8 Prozent dieser Welt.

■ Wenn deine Eltern noch leben und immer noch ein Paar sind, dann bist du schon wahrlich eine Rarität.

■ Wenn du diese Nachricht erhältst, bist du direkt zweifach gesegnet: zum einen, weil jemand an dich gedacht hat, und zum anderen, weil du nicht zu den zwei Milliarden gehörst, die nicht lesen können.

Wie unser Schnappi sich seinen Jahresbericht rahmen ließ, um sein Erreichtes stets vor Augen haben und würdigen zu können, können wir uns alle mit dieser einfachen Statistik jeden Tag vor

Augen führen, wie wenig selbstverständlich das ist, was wir haben. Und wie dankbar wir dafür sein dürfen. Wem konkret wir dabei danken, spielt letztlich keine Rolle. Wir können unseren Dank dorthin senden, woran wir glauben: an eine höhere Macht, an Gott, eine universelle Energie, das Schicksal, an das Leben – ganz nach unseren jeweiligen individuellen Vorstellungen und Überzeugungen. Sie werden feststellen, dass sich schon bald etwas in Ihnen verändert, das sich gleichzeitig auf Ihre Mitmenschen überträgt und sie milder und freundlicher stimmt. Und das hilft ganz besonders im Arbeitsleben, in dem wir ja den Großteil des Tages nun einmal verbringen.

## Warum wir Dankbarkeit nicht in der Schule gelernt haben und wie wir das nachholen können

Der andere Grund, der es uns schwermacht, dankbar zu sein, lautet: Wir haben es schlicht nicht gelernt!

Unternehmen wir an dieser Stelle eine kleine Reise in die Welt der Lernpsychologie, werfen wir einen Blick zurück in die Vergangenheit und analysieren unseren Werdegang. Zunächst einmal haben wir als Menschen eine lange Zeit in Abhängigkeit verbracht: Bis wir volljährig sind und ganz allein entscheiden dürfen, vergehen in der Regel 15 bis 25 Jahre. Während dieser Zeit wachsen wir unter mehr oder weniger günstigen Umständen auf. Wir erfahren Freud und Leid, es geht uns mal gut und mal schlecht, und wir werden gefördert und behindert. Wir erfahren viel Kritik und Feedback; das ist wichtig, damit wir uns mit unserem individuellen Wesen in die Gemeinschaft einfügen können, Zugang zu den anderen finden und anderen Zugang zu uns selbst gewähren können.

Worin besteht also das Problem? Das Problem liegt weniger am *Was* als vielmehr am *Wie*. Kritik und Feedback sind zunächst einmal notwendiger Bestandteil unserer Sozialisation. Was aber problematisch ist, ist die Art und Weise der Vermittlung. Denn es gilt, alles rückzumelden, auch die positiven Seiten. Konkret: Man muss auch mal gelobt werden und Dank erfahren!

Fragen Sie sich nun bewusst: Wie häufig haben andere anerkannt, dass Sie etwas Gutes getan haben, dass Sie jemandem eine Freude bereitet haben, dass es schön war, Sie in der Nähe zu haben? Wie häufig wurden Sie kritisiert, schikaniert und bestraft, wenn etwas nicht so war, wie es sein sollte, wenn Sie – und das ist menschlich – auch mal einen Fehler gemacht haben?

Und jetzt überschlagen Sie im Kopf einmal grob das Verhältnis von Dank und Kritik und fragen sich dann: »Wie geht es mir, wenn mir jemand dankt?« und: »Wie geht es mir, wenn mich jemand straft?«. Setzen Sie die Ausmaße der jeweiligen Gefühle in Beziehung zueinander und schauen Sie, was unterm Strich dabei herauskommt.

Leider ist es häufig so, dass die Gleichung zugunsten der Kritik und der Strafe ausfällt. Und all dies beginnt schon in der frühesten Kindheit, wenn wir noch ganz jung und »unschuldig« sind. Und das setzt sich im Laufe der Jahre fort, bis hin zum heutigen Tage, bis gerade eben vielleicht – als Ihr Chef im Büro mal wieder ...

Was besonders traurig und tragisch ist: In vielen Fällen verhalten wir uns genauso. Wir tun das, worunter wir selbst am meisten leiden: meckern und schimpfen, uns aufregen, wenn etwas nicht stimmt. Wir wollen nun nicht in diese Spirale verfallen und Sie unsererseits für dieses menschliche Verhalten kritisieren – wir möchten Ihnen nur zeigen, weshalb wir leiden und weshalb es uns so schwerfällt, Dankbarkeit zu empfinden und auszudrücken.

Wenn wir also manchmal etwas tun, von dem wir nicht wollen, dass es uns angetan wird, hat das mit unserer Konditionierung zu tun. Wir haben es ja nicht anders gelernt. Lernen am Modell ist die häufigste Form menschlichen Lernens: Wir beobachten bewusst und – häufiger noch – unbewusst unsere Eltern, Großeltern, Freundinnen und Freunde, unsere Lehrer, Chefs und Kolleginnen, unsere Partner und unsere Kinder und verhalten uns so, wie die anderen sich uns gegenüber verhalten. Reaktion und Gegenreaktion.

Wenn es also eher Kritik hagelt als Dank regnet, hat das Folgen für unsere Entwicklung – und manchmal auch Folgen für unsere Mitmenschen.

Nun ist es so, dass innere und äußere Dankbarkeit sich gegenseitig bedingen und fördern – deshalb können wir unsere innere Haltung stärken, indem wir Dankbarkeit nach außen aussprechen. Die folgende Übung gibt Ihnen konkrete Hinweise, wie Sie den oben beschriebenen Teufelskreis der Konditionierung durchbrechen können.

### Dankbarkeit aussprechen

Der Begriff »Feedback« stammt aus dem Englischen, heißt Rückmeldung und kann wörtlich mit »Zurück-Füttern« übersetzt werden. Und damit das, was wir zurückfüttern, nicht nur nahrhaft, sondern auch verdaulich ist, kann es sinnvoll sein, bestimmte Regeln zu beachten:

1. Feedback geben und nehmen ist freiwillig und kann niemandem aufgezwungen werden.

2. Feedback ist ausgewogen, das heißt, wir sagen, was uns gefällt, was wir als gelungen einschätzen und wo wir Veränderungsbedarf sehen.

3. Feedback ist eine subjektive Wahrnehmung und an konkretem Verhalten orientiert (»Als Sie an Stelle X sagten, fand ich ...«) und enthält somit keine Interpretationen. Es bietet einen erläuternden Hintergrund für die Einschätzung (»... weil ich denke, dass dadurch ...«).

4. Feedback erhalten bedeutet: keine Kommentierung, keine Begründung, keine Rechtfertigung, keine Diskussion – einfach sacken lassen und verarbeiten.

Bis hierhin nicht viel Neues, zumal das Thema Feedback schon in vielen Firmen etabliert ist. Wir sind inzwischen sogar einigermaßen geübt darin, unsere Kritik entsprechend ansprechend zu verpacken.

## Was Chefs und Mitarbeiter tun können

Was Sie allerdings Neuartiges versuchen können: Stellen Sie einmal bewusst die positiven Aspekte in den Vordergrund, formulieren Sie Ihren Respekt und Ihren Dank bewusst! Nutzen Sie die Feedbackregeln, um Ihren Mitmenschen – Kolleginnen, Vorgesetzten, Kunden und Angestellten – zu kommunizieren, worüber Sie sich freuen, wofür Sie dankbar sind.

Halten Sie erstens Ausschau nach geeigneten Situationen, in denen Zeit und Raum für eine Aussprache gegeben sind. Geben Sie dann zweitens eine umfassende und ausgewogene Einschätzung ab. Machen Sie drittens den subjektiven Charakter Ihrer Aussagen deutlich und bieten Sie erläuternde Hintergrundinformationen. Sprechen Sie über Ihre Gefühle. Zeigen Sie, welche Interessen und Bedürfnisse bei Ihnen berührt sind. Laden Sie Ihre Umwelt ein, an Ihrem Innenleben – dem, was unter der Oberfläche schlummert – teilzunehmen. Das hilft Ihrem Gegenüber, das Gesagte besser verstehen und annehmen zu können. Und gleichzeitig wird deutlich, dass es sich nicht um irgendeine Höflichkeitsfloskel handelt, sondern dass Sie sich ernsthaft Gedanken gemacht haben. Und dass das, was Sie artikulieren, von Herzen kommt.

Das ist am Anfang gar nicht so leicht, weil wir es häufig nicht gewohnt sind, so offen über das zu sprechen, was uns – auch im positiven Sinne – beschäftigt und bewegt. Wie gesagt: Es geht hier nicht um leere Phrasen, sondern darum, über unsere Gedanken und Äußerungen eine innere Haltung zu kultivieren, die nach und nach wachsen wird.

Und wenn Ihnen Ihr Gegenüber wiederum bei Gelegenheit einen Dank ausspricht, dann hören Sie viertens einfach mal nur zu und nehmen diesen an. Auch das ist anfänglich gar nicht so leicht, weil wir es eher gewohnt sind, zusammengefaltet zu werden, Kritik zu erfahren – für die wir uns dann rechtfertigen wollen. Diesen Punkt hatten wir ja gerade eben. Manchmal sind wir richtig verschämt, auch mal etwas Nettes zu hören. Das wollen wir dann gleich relativieren und abbügeln. Und berauben uns eines völlig berechtigten guten Gefühls. Hier können wir uns in Selbstrespekt und auch Dankbarkeit uns selbst gegenüber üben!

Und während wir diese Dinge bewusst über unsere Lippen bringen, hören wir sie selbst mit unseren eigenen Ohren und können sie auf diese Weise noch stärker und noch nachhaltiger verinnerlichen. Gleichzeitig erfreuen wir unsere Mitmenschen, die es uns wiederum danken werden.

## Zehntes Gebot
## Du sollst dem Himmel danken

### Für Brötchen-Geber:

Du sollst das Erreichte bewusst würdigen und dankbar sein – für dein Unternehmen, für deine Mitarbeiter, deine Aufträge. Du sollst dir regelmäßig klarmachen, dass nichts selbstverständlich ist. Nur echte Dankbarkeit ist der Schlüssel für ein entspanntes, faires, erfolgreiches Miteinander.

### Für Brötchen-Nehmer:

Auch du sollst jeden Tag erkennen, wie wenig selbstverständlich es ist, dass du arbeiten darfst. Du sollst die kleinen und großen Dinge würdigen, die dein Arbeitgeber dir gibt – den kostenlosen Kaffee ebenso wie das Incentive-Wochenende im Umland. Erst innere Dankbarkeit ermöglicht ein erfülltes Arbeitsleben.

### Danke für den schönen Sonntag

Zum Abschluss dieses Kapitels und damit auch dieses Buches möchten wir Ihnen noch eine wahre Geschichte erzählen, die wir selbst erleben durften und die zeigt, wie Dankbarkeit selbst über schwere Schicksale hinweghelfen kann: Ein junger Mann im Rollstuhl schrieb in einer Kirche etwas in ein Fürbittenbuch, das an der Tür auslag. Er war Anfang 30, sportlich, gut aussehend, voller Energie. Keine Frage, dass sein Leben ihm noch so viel mehr hätte bieten können, wenn er nicht an den Rollstuhl gefesselt gewesen wäre. Die anderen Anwesenden blickten ein wenig unsicher und neugierig zu ihm hinüber. Alle fragten sich wohl: Was schreibt er in dieses Buch? »Warum ich?« oder »Bitte lass mich wieder gehen können!«? Jeder hätte das nachvollziehen können.

Als der Mann weggefahren war, lag das Buch offen dort. Der letzte Eintrag lautete:

»Danke für diesen schönen Sonntag.«

Wir danken Ihnen – liebe Leserinnen und Leser – für Ihre Aufmerksamkeit!

# Wie Brötchen-Geber und Brötchen-Nehmer gemeinsam gewinnen

In diesem Buch haben wir die Interessenlage im Arbeitsverhältnis des 21. Jahrhunderts untersucht. Unser Anliegen war es, die bislang gegensätzlichen Welten – Brötchen-Geber, Brötchen-Nehmer – miteinander in Einklang zu bringen. Was bislang fehlte, waren ausgewogene und konstruktive Spielregeln für ein faires Arbeitsleben, von dem *beide Seiten* nachhaltig profitieren.

Die allen anderen übergeordnete Regel ist, sich empathisch in die »Gegen«-Seite hineinzudenken und zu -fühlen, »in den Schuhen des anderen zu gehen«. Nur so können wir die vermeintlich fremde Welt verstehen.

Nun ist dieses Verstehen teilweise mit einem gewissen inneren Widerstand verbunden. Und deshalb wollen wir Ihnen eines für alle Zeit mitgeben: Verstehen heißt nicht zwangsläufig auch akzeptieren!

Man kann etwas verstehen im Sinne von nachvollziehen – und gleichzeitig seine ganz eigene und gegebenenfalls andere Meinung haben und behalten. Häufig setzen wir verstehen mit akzeptieren gleich, was absolut unnötig Widerstand hervorruft und aufrechterhält. So kommt es dann, dass wir uns in eine »Welt der Gegenspieler« hineinsteigern. Und unsere gemeinsamen Probleme unlösbar erscheinen.

Wir wollen mit diesem Buch die Situation und die Position des jeweils anderen verständlich machen, denn auf einer tieferliegenden Ebene der Interessen und Bedürfnisse – das haben wir jetzt gesehen – ticken wir alle sehr ähnlich. Wir alle wünschen uns nichts sehnlicher als ein harmonisches, befriedigendes und erfolgreiches Miteinander. Aus dieser Erkenntnis lassen sich konkrete und alltagstaugliche Ausgestaltungen ableiten.

Dieses Buch macht den unsichtbaren, den psychologischen Arbeitsvertrag sichtbar. Über die jeweiligen Rechte und Pflichten, die sich daraus ergeben, gelingt es uns, gemeinsam eine Win-win-Situation zu schaffen – sodass aus dem Hauen und Stechen ein wechselseitiges Geben und Nehmen wird. Damit sich Chefs und Mitarbeiter endlich als Teamplayer verstehen können.

Nur zu Ihrer Beruhigung, und um es ganz deutlich zu machen: Teamplayer zu sein heißt nicht, dass Sie sich nun immer alle zwanghaft ganz doll lieb haben müssen! Dass Sie als Mitarbeiter zum »Chefversteher« mutieren müssen – um dann im Gegenzug von den Kolleginnen gemobbt zu werden. Dass Sie als Chef nun Ihren Mitarbeitern ständig das Köpfchen kraulen müssen – um dann Ihren Führungsaufgaben nicht mehr nachkommen zu können.

Nein. Es geht lediglich darum, das zu verändern, was in unserer jeweiligen Macht steht. Unser Umfeld, die Rahmenbedingungen und unsere Mitmenschen können wir nur bedingt beeinflussen. Aber wir können bei uns selbst ansetzen – wir können uns verändern.

Und wenn Sie versuchen, nur ein wenig die Lage des anderen zu verstehen und nur ein wenig auf ihn zugehen, dann wird etwas Magisches geschehen: Wenn Sie sich selbst verändern, wird Ihr gesamtes Umfeld es Ihnen gleichtun. Das ist ganz leicht zu erklären: Wir sind alle Teil eines größeren Systems, sei es die Familie oder sei es der Job. Wenn man einen Teil des Systems verändert, wirkt sich das auf die anderen Teile aus. Wenn Sie sich verändern, verändern sich die anderen automatisch auch – ähnlich wie bei einer Reihe Dominosteine.

Liebe Leserinnen und Leser, schreiben Sie uns, was sich bei Ihnen verändert hat! Wenn Sie sich mit Ihren Erfahrungen an uns wenden möchten, dann schicken Sie uns gerne eine E-Mail an

mail@kitz-tusch.com

Wie hat Ihnen unser Buch gefallen? Was konnten Sie mit den Inhalten anfangen? Welche Themen hätten Sie sich noch gewünscht? Wie hat sich Ihr beruflicher Alltag verändert? Wie hat sich Ihr zwischenmenschliches Miteinander entwickelt? Wie geht es Ihnen jetzt? Möchten Sie uns sonst noch etwas mitteilen?

Wir freuen uns über Ihre Rückmeldungen – herzlichen Dank schon jetzt dafür!

Mehr über uns, unsere Publikationen und unsere Angebote an Sie (Coachings, Seminare, Vorträge) erfahren Sie auf den folgenden Seiten:

www.kitz-tusch.com

www.manueltusch.de

www.ifap-koeln.de

Speziell zu diesem Buch gibt es eine Website, auf der Sie einige Elemente aus diesem Buch herunterladen und sich mit anderen Chef-Geplagten austauschen können:

www.wenn-der-chef-nervt.de

## Dank

Unser herzlicher Dank gilt auch all den Menschen, deren Arbeit und Herzblut in diesem Buch stecken – und deren Lebensgeschichten. Besonders hervorheben möchten wir:

■ All die Betroffenen, die mit uns gesprochen haben und deren Leben dieses Buch mit einem eigenen Leben füllen.

■ Unsere Agentin Barbara Wenner, die immer genau das Richtige weiß und tut.

■ Den Campus Verlag, der in gewohnter Weise mit viel gutem Gespür und viel menschlicher Freundlichkeit unsere Worte unter die Menschen bringt. Besonders möchten wir unsere Lektorin Juliane Meyer hervorheben und danken schon jetzt auch allen anderen fleißigen Köpfen und Händen im Verlag, durch die das Manuskript noch gehen wird, wenn es unsere Hände nun verlässt.

*Dr. Volker Kitz & Dr. Manuel Tusch*

# Ausgewählte Literatur

Albers, Markus, *Morgen komm ich später rein: Für mehr Freiheit in der Festanstellung*, Frankfurt 2008

Astheimer, Sven, »Der Dompteur reibt sich auf« (Interview mit Gerald Hüther), *Frankfurter Allgemeine Zeitung*, 24./25. Mai 2008

Bandura, Albert, *Lernen am Modell, Ansätze zu einer sozial-kognitiven Lerntheorie*, Stuttgart 1976

Bönisch, Julia, »Kündigen mit Paukenschlag«, *sueddeutsche.de*, 21. November 2008

Borgeest, Bernhard, »Richtig loben!« (mit Ergebnissen der Umfrage von Weissmann & Cie.), *Focus*, Heft 40, 2008

Brehm, Jack, *Theory of psychological reactance*, New York 1966

Brinkmann, Ralf D./Stapf, Kurt H., *Innere Kündigung. Wenn der Job zur Fassade wird*, München 2005

Burisch, Matthias, *Das Burnout-Syndrom: Theorie der inneren Erschöpfung*, Berlin 2005

Büttner, Julia, »Wenn Arbeiten glücklich macht«, www.e-fellows.net, 13. Mai 2008

Csikszentmihalyi, Mihaly, *Das Flow-Erlebnis. Jenseits von Angst und Langeweile im Tun aufgehen*, Stuttgart 2000

Deloitte Mittelstandsinstitut an der Universität Bamberg, *Talente für den Mittelstand*, Bamberg 2008

Deutscher Gewerkschaftsbund, *DGB-Index Gute Arbeit*, Berlin 2008

Dreyer, Patricia, »Die dämlichsten Ausreden fürs Blaumachen«, *Spiegel Online*, 27. Januar 2008

Elger, Christian/Falk, Armin et al., *Social Comparison Affects Reward-Related Brain Activity in the Human Ventral Striatum*, Science, Band 318 (2007), S. 1305

Ferriss, Timothy, *Die 4-Stunden-Woche: Mehr Zeit, mehr Geld, mehr Leben*, Berlin 2008

Fessel-GfK, *Lifestyle-Studie*, Wien 2008

Festinger, Leon, *Theorie der kognitiven Dissonanz*, Bern 1978

Frankl, Viktor, »Theorie und Therapie der Neurosen«, in: *Der Mensch vor der Frage nach dem Sinn*, München 1999

Gallup GmbH, *Engagement-Index 2008*, Potsdam 2009

Gerbert, Frank, »Ein Vorschuss an Optimismus«, *Focus*, Heft 47, 2008

German Consulting Group, *Die häufigsten Lügen im Geschäftsleben. Alltägliche Unwahrheiten mit Hilfe der modernen Technik*, Karlsruhe 2007

Geva-Institut, *Deutsche gehen lieber zur Arbeit als Schweden*, München 2007

Goldfuß, Jürgen W., *Endlich Chef – was nun?: Was Sie in der neuen Position wissen müssen*, Frankfurt 2006

Gostick, Adrian/Elton, Chester, *Zuckerbrot statt Peitsche: Wie man mit einer täglichen Dosis Anerkennung sein Unternehmen nach vorne bringt*, München 2008

Haefner, Rosemary, »Die zehn schrägsten Ausreden beim Zuspätkommen«, www.careerbuilder.de, 10. Dezember 2007

Haupt, Friederike, »Mein Chef, die Nervensäge«, *Frankfurter Allgemeine Zeitung*, 12. Juli 2008

Heide, Holger, *Massenphänomen Arbeitssucht. Historische Hintergründe und aktuelle Entwicklung einer neuen Volkskrankheit*, Bremen 2002

Holzapfel, Nicola, »Land der Milliarden Überstunden«, *Zeit Online*, 5. März 2008

Hondrich, Karl Otto/Koch-Arzberger, Claudia, *Solidarität in der modernen Gesellschaft*, Frankfurt 1994

Horkheimer, Max/Adorno, Theodor W., *Dialektik der Aufklärung: Philosophische Fragmente*, Frankfurt 1988

Houser, Daniel/Kurzban, Robert, *Conditional cooperation and group dynamics: Experimental evidence from a sequential public goods game*, EconWPA Paper 0307001, 2005

Hus, Christoph, »Wertvoller Durchschnitt«, *Frankfurter Allgemeine Zeitung*, 15. Januar 2009

IFAK Institut, *Arbeitsklima-Barometer*, Taunusstein 2008

Initiative Neue Qualität der Arbeit, *Was ist gute Arbeit? Anforderungen aus der Sicht von Erwerbstätigen*, Dortmund 2006

Kalle, Matthias/Stolz, Matthias, »Wir sind ein super Team!«, *ZEIT Magazin*, 12. Februar 2009

Kelly Services, *Kelly World at Work Survey*, Hamburg 2005

Kim, W. Chan/Mauborgne, Renée, *Fair Process: Managing in the Knowledge Economy*, Harvard Business Review, Januar 2003

Kitz, Volker/Tusch, Manuel, *Das Frustjobkillerbuch. Warum es egal ist, für wen Sie arbeiten*, Frankfurt 2008

Latniak, Erich/Gerlmaier, Anja, *IAT-Report: Zwischen Innovation und alltäglichem Kleinkrieg*, Gelsenkirchen 2006

Lencioni, Patrick M., *Mein Traum-Team: oder die Kunst, Menschen zu idealer Zusammenarbeit zu führen*, Frankfurt 2008

Lencioni, Patrick M., *Die drei Symptome eines miserablen Jobs. Eine Fabel für Manager (und ihre Mitarbeiter)*, Weinheim 2008

Lobo, Sascha/Passig, Kathrin, *Dinge geregelt kriegen – ohne einen Funken Selbstdisziplin*, Berlin 2008

Mai, Jochen, *Die Karriere-Bibel: Definitiv alles, was Sie für Ihren beruflichen Erfolg wissen müssen*, München 2008

Maier, Corinne, *Die Entdeckung der Faulheit. Von der Kunst, bei der Arbeit möglichst wenig zu tun*, München 2005

Maisch, Andreas, »Auch Langeweile im Job kann krank machen«, *Welt Online*, 11. Dezember 2007

Mark, Gloria/Gonzalez, Victor M./Harris, Justin, *No Task Left Behind? Examining the Nature of Fragmented Work*, Proceedings of CHI (Conference on Human Factors in Computing Systems), 2.–7. April 2005, Portland, Oregon, USA

Martin, Albert, *Welchem Wettbewerbsdruck sind Deutschlands Arbeitnehmer ausgesetzt? Und wie gehen sie damit um?*, Lüneburg 2008

Meißner, Ulrike, *Die »Droge« Arbeit. Unternehmen als »Dealer« und als Risikoträger – personalwirtschaftliche Risiken der Arbeitssucht*, Frankfurt 2005

Mercer International, *What's Working*, Frankfurt 2008

monster.de, »Österreicher zeigen am wenigsten Loyalität«, 13. Dezember 2006

Nienhaus, Lisa, »Das Wunder der Ehrlichkeit«, *Frankfurter Allgemeine Sonntagszeitung*, 3. August 2008

Opaschowski, Horst, *Einführung in die Freizeitwissenschaft*, Opladen 1994

Piaget, Jean, *Das Weltbild des Kindes*, München 2003

Prahl, Hans-Werner, *Soziologie der Freizeit*, Paderborn 2002

Reinker, Susanne, *Rache am Chef. Die unterschätzte Macht der Mitarbeiter*, Berlin 2007

Rheinberg, Falko, *Motivation*, Stuttgart 2004

Robert Half International, *Workplace Survey 2007*, München 2007

Roebke, Julia, »Schlechte Noten für den Chef«, *Frankfurter Allgemeine Sonntagszeitung*, 23./24. Februar 2008

Rothlin, Philippe/Werder, Peter R., *Diagnose Boreout. Warum Unterforderung im Job krank macht*, München 2007

Scheller, Yvonne, »Wenn der Chef es mit der Wahrheit nicht so hält« (mit Zitaten von Marc-André Reinhard), *Welt Online*, 1. Oktober 2008

Schmidt, Wolf, »Zu nett für deinen Job«, *NEON*, August 2008

Schulte-Döinghaus, Uli, »Dienen Lügen wirklich der Karriere?«, *Wirtschaftswoche*, 5. Januar 2009

Schürmann, Marc, »Diebe wie wir«, *NEON*, März 2008

Schüz, Mathias/Wirth, Stephen/Bode, Aiko, *Lügen in der Chefetage: Gesammelte Unwahrheiten aus dem Management*, Weinheim 2006

Seligman, Martin, *Helplessness. On Depression, Development and Death*, San Francisco 1975

Seligman, Martin, *Erlernte Hilflosigkeit*, München 1979

Siegrist, Johannes/Dragano, Nico, *Rente mit 67: Probleme und Herausforderungen aus gesundheitswissenschaftlicher Sicht*, Düsseldorf 2007

stellenanzeigen.de, »Umfrage: Verstehen Sie die meisten Job-Beschreibungen in Stellenanzeigen?«, 18. November 2008

Stepstone, *Alles Mitdenken umsonst*, Düsseldorf 2008

Stepstone, *Is Your Work Important?*, Düsseldorf 2008

Sutton, Robert I., *Der Arschloch-Faktor: Vom geschickten Umgang mit Aufschneidern, Intriganten und Despoten in Unternehmen*, München 2009

Terpitz, Katrin, »Mitarbeiterbefragung: Ein Ohr für die Belegschaft«, *Handelsblatt*, 22. August 2008

Wagner, Yvonne, »Immer mit der Ruhe« (mit Zitaten von Susanne Wolf), *Frankfurter Allgemeine Zeitung*, 5. November 2008

Wanzeck, Christiane, *Zur Etymologie lexikalisierter Farbwortverbindungen. Untersuchungen anhand der Farben Rot, Gelb, Grün und Blau*, Amsterdam 2003

Wehrle, Martin, »Tapferkeit vor dem Chef«, *Psychologie Heute*, November 2008

Zollinger, Manfred, *Geschichte des Glücksspiels. Vom 17. Jahrhundert bis zum Zweiten Weltkrieg*, Wien 1997

»Viele Männer schwindeln regelmäßig« (mit Ergebnissen der Studie im Auftrag von *Best Life*), Deutsche-Presse-Agentur, 1. Oktober 2004

»Der Tag 5«, *Frankfurter Allgemeine Zeitung zur Buchmesse*, 19. Oktober 2008

»Leute lügen 200mal am Tag« (mit Studienergebnissen von Gerald Jellison), Agence France-Presse (AFP), 6. April 1997

»Deutsche klagen über Multitasking« (mit Ergebnissen der Erwerbstätigenbefragung), *Financial Times*, 18. September 2007

»So richtig frei ist anders«, *iwd* Nr. 49, 6. Dezmber 2007

# Register

Harry Nutt
**Mein schwacher Wille geschehe**
Warum das Laster eine Tugend ist –
ein Ausredenbuch

2009, ca. 224 Seiten, gebunden
ISBN 978-3-593-38781-9

# Von der Lust am Nichtstun

Wollten Sie auch schon öfter mit dem Rauchen aufhören, die Steuer-
erklärung endlich abgeben, das Chaos im Arbeitszimmer beseitigen
oder jetzt wirklich gesünder essen? Und haben Sie es dann doch
nicht getan? Dann sind Sie nicht allein. Die Willensschwäche
und das Laster sind kleine Fluchten in einer Welt, die uns immer
mehr Leistung und Perfektion abverlangt. Harry Nutt wirft einen
liebevollen Blick auf unsere kleinen und großen Schwächen und
erschließt eine Vielzahl philosophischer und historischer Bezüge.
Intelligent und witzig plädiert er für einen entspannteren Umgang
mit den vermeintlichen Untugenden und zeigt, dass dies uns allen
nützen kann.

**Mehr Informationen unter**
**www.campus.de**

*Frankfurt · New York*